Shahide Dehghan
Hoosein Norouzi
Hossein Gholami

# Impacto das criptomoedas na economia da construção

Shahide Dehghan
Hoosein Norouzi
Hossein Gholami

# Impacto das criptomoedas na economia da construção

Construção

ScienciaScripts

**Imprint**

Any brand names and product names mentioned in this book are subject to trademark, brand or patent protection and are trademarks or registered trademarks of their respective holders. The use of brand names, product names, common names, trade names, product descriptions etc. even without a particular marking in this work is in no way to be construed to mean that such names may be regarded as unrestricted in respect of trademark and brand protection legislation and could thus be used by anyone.

Cover image: www.ingimage.com

This book is a translation from the original published under ISBN 978-620-7-99870-8.

Publisher:
Sciencia Scripts
is a trademark of
Dodo Books Indian Ocean Ltd. and OmniScriptum S.R.L publishing group

120 High Road, East Finchley, London, N2 9ED, United Kingdom
Str. Armeneasca 28/1, office 1, Chisinau MD-2012, Republic of Moldova, Europe
Printed at: see last page
**ISBN: 978-620-8-03014-8**

_IMPACTO DAS CRIPTOMOEDAS NA ECONOMIA DA CONSTRUÇÃO_

_SHAHIDE DEHGHAN[1] , HOOSEIN NOROUZI[2] , HOSSEIN GHOLAMI [31]_
_DEPARTMENT OF GEOGRAPHY, NAJAFABAD BRANCH, ISLAMIC_
_AZAD UNIVERSITY, NAJAFABAD, IRAN_
_[2] DEPARTAMENTO DE ENGENHARIA CIVIL, SECÇÃO DE ISFAHAN_
_(KHORASGAN), UNIVERSIDADE ISLÂMICA AZAD, ISFAHAN, IRÃO_

_[3]DEPARTAMENTO DE ENGENHARIA CIVIL, SECÇÃO DE ISFAHAN_
_(KHORASGAN), UNIVERSIDADE ISLÂMICA AZAD, ISFAHAN, IRÃO_
_2025_

# ÍNDICE DE CONTEÚDOS

# PREFÁCIO

*Os engenheiros civis podem ganhar dinheiro em projectos internacionais e estrangeiros se possuírem as competências e os conhecimentos necessários. Neste caso, o engenheiro civil pode trabalhar como consultor técnico, gestor de projectos, engenheiro de conceção, supervisor técnico, etc. em projectos de construção no estrangeiro. Mas se tenciona ganhar dinheiro como freelancer, deve prestar atenção a um ponto importante. Tendo em conta que o projeto na área da engenharia civil utilizando software especializado em engenharia civil deve ser feito de acordo com os regulamentos de diferentes países, é um pouco difícil ganhar dólares como freelancer nesta área com software diferente porque cada país tem os seus próprios regulamentos. Por isso, para ganhar dinheiro como freelancer na área do design civil, é necessário conhecer os regulamentos relevantes, o que pode não ser possível para muitas pessoas. Mas, para ganhar dólares, pode fazer trabalhos de desenho de lojas utilizando o software Tekla Structureser e ganhar dólares, uma vez que este trabalho está menos dependente dos regulamentos, pelo que pode ganhar dólares através deste software no Irão. É uma forma de desenvolvimento sociocultural e tecnológico que, pela sua natureza acessível, tem o potencial de transformar drasticamente a economia. Quando os preços das criptomoedas estão a corrigir-se e o índice de medo e ganância está a subir, é importante compreender que o impacto mais amplo das criptomoedas vai além das flutuações diárias dos preços. Os casos de utilização das moedas digitais e da sua tecnologia subjacente (Blockchain) estão a desenvolver-se a um ritmo exponencial. O impacto das moedas digitais na economia global ultrapassa as fronteiras nacionais, o que era impossível até há pouco tempo. As moedas digitais ou criptomoedas são activos digitais geridos através de algoritmos criptográficos. Existem diferentes tipos de moedas digitais. A Bitcoin (BTC) é provavelmente a moeda digital mais conhecida, mas milhares de outras moedas digitais foram surgindo ao longo do tempo, sendo as mais importantes as stablecoins, criptomoedas cujo valor está ligado a uma moeda fiduciária como o dólar ou a uma mercadoria como o ouro.*

# INTRODUÇÃO

Como qualquer ferramenta ou tecnologia, as criptomoedas têm vantagens e desvantagens. Os efeitos positivos das moedas digitais são profundos. Uma das maiores vantagens é a acessibilidade. Com as moedas digitais, é possível efetuar transferências financeiras sem o envolvimento de terceiros, como os bancos. O status quo do atual sistema financeiro falhou a muitas pessoas em todo o mundo. De facto, mais de 1,7 mil milhões de pessoas não têm uma conta bancária. A disponibilidade de moedas digitais pode colmatar esta lacuna. Para as populações desfavorecidas e não bancarizadas, das quais mil milhões têm telemóveis, a utilização de moedas digitais constitui uma oportunidade significativa. Assim, pode argumentar-se que as moedas digitais são intrinsecamente boas para a economia. Uma vez que a inovação e o preço estão intrinsecamente ligados, o desenvolvimento da economia da moeda digital oferece um grande potencial inexplorado. No entanto, muitos profissionais do sector acreditam que os projectos fortes continuarão durante as reformas temporárias e que o inverno da moeda digital abrirá caminho a um ciclo de inovação ilimitado. Consequentemente, o impacto das moedas digitais na economia será mais positivo do que negativo. A proteção do ambiente no século XXI é reconhecida como uma das três principais bases do desenvolvimento sustentável. A extração de moeda digital tem um impacto significativo na poluição ambiental. A necessidade inerente às moedas digitais de uma grande quantidade de energia significa que a sua extração depende das condições meteorológicas e da localização geográfica da extração. Por outro lado, os mineiros de moeda digital podem existir em qualquer parte do mundo.

# CORPO DO TEXTO

As moedas digitais não são apenas uma inovação financeira e uma ferramenta de negociação, mas também têm tido influência a nível social, cultural e até político. Apesar da pequena dimensão do mercado das criptomoedas em comparação com muitos mercados financeiros, o impacto das moedas digitais em toda a economia mundial é maior do que se possa imaginar. As criptomoedas são activos digitais que são criados e geridos com algoritmos criptográficos. O Bitcoin, o rei das moedas digitais, é a criptomoeda mais famosa e popular, mas milhares de outras moedas digitais surgiram ao longo do tempo. Entre elas estão as moedas naturalmente estáveis. Stablecoin é uma moeda digital. O preço atual das moedas digitais estáveis depende de uma moeda fiduciária (por moeda fiduciária entende-se uma moeda emitida pelos governos, como o dólar e o tomano). Estas moedas digitais têm uma importância e um impacto especiais na economia mundial. Juntamente com as stablecoins, outras moedas digitais também têm as suas próprias funções e desempenham um papel na economia mundial. Até à data, não passou muito tempo desde o nascimento do mundo das moedas digitais. Em menos de 15 anos, o mundo das moedas digitais e da tecnologia de cadeia de blocos registou um grande crescimento, mas temos de admitir que uma percentagem muito pequena do seu valor ainda não floresceu. De facto, a tecnologia da cadeia de blocos tem sido uma tentativa e erro até hoje. No entanto, uma das conquistas mais valiosas do mundo das criptomoedas até à data são as stablecoins. As stablecoins podem desempenhar um papel muito importante no próximo passo do mundo das moedas digitais para entrar na economia global. Na verdade, atualmente, de acordo com muitos grandes nomes do mundo das criptomoedas, o passo mais importante a seguir é legalizar essa categoria de criptomoedas. Stablecoin é um tipo de moeda digital cujo preço é o preço de uma moeda fiduciária ou de outro ativo em geral, como as onças. O ouro ou os barris de petróleo estão vinculados. Por exemplo, a moeda digital Tether (Tether), que é conhecida pelo símbolo USDT, é a stablecoin mais popular no mundo criptográfico no momento. O preço do Tether é igual a um dólar americano. O USDT teve um impacto significativo no crescimento das moedas digitais e ganhou importância na economia mundial. O Tether é agora considerado a criptomoeda mais utilizada no mundo, para além de todas as criptomoedas e tokens, pelo que mesmo as pessoas que não estão interessadas em entrar no mercado de criptomoedas e investir nesta classe de activos estão interessadas há anos devido aos benefícios da cadeia de bloqueio, como as transferências transfronteiriças. Utilizam o dinheiro de uma forma económica. As Stablecoins são utilizadas para transferências financeiras. Poderá perguntar-se por que razão é necessário utilizar moedas digitais estáveis, quando estas transferências podem ser efectuadas com moedas fiduciárias? O custo de transação muito baixo e a elevada velocidade de transferência, especialmente para remessas transfronteiriças, são algumas das suas inúmeras vantagens. Durante anos, os bancos foram exclusivamente responsáveis pela transferência de fundos. É claro que o setor bancário sempre esteve em crescimento e, no início do século XXI, vimos o surgimento de empresas como o PayPal ou similares que revolucionaram esse setor, mas a tecnologia blockchain está criando uma revolução muito maior. De facto, esta tecnologia mudou completamente as regras do jogo. Atualmente, muitos activistas, empresários e investidores institucionais na América e na Europa estão a fazer um forte lobby para que as stablecoins se tornem legais. De acordo com eles, este é um passo para começar a legalizar a compra de criptomoeda. Este evento trará um grande volume de liquidez ao mundo das moedas digitais e a tecnologia blockchain, por outro lado, derrotará o sector bancário. A inclusão financeira significa o acesso de mais pessoas aos serviços financeiros em todo o mundo. Veja-se, por exemplo, El Salvador, o primeiro país a reconhecer plenamente a Bitcoin como moeda com curso legal. Neste país, quase 80% das pessoas não têm acesso a serviços bancários, porque a maioria delas nem sequer tem cartões de identificação nacionais! Outros países localizados na América Latina também têm esta situação. Escusado será dizer que a maioria dos residentes dos países africanos não se encontra numa situação melhor e está privada de serviços monetários e bancários. Um impacto muito importante das moedas digitais na economia mundial é o facto de contribuírem para a inclusão financeira. Como já dissemos, as moedas digitais necessitam de eletricidade para serem produzidas e extraídas, o que provoca a produção de poluentes que têm efeitos negativos no ambiente. Note-se que apenas as moedas digitais que utilizam o mecanismo POW poluem o ambiente. Nos últimos anos, foram criadas algumas moedas digitais, cujo método de extração provém de energias renováveis ou que não põem em perigo a vida da Terra menos do que outras criptomoedas. As moedas digitais e a extração destes tipos de criptomoedas de base são muito utilizadas e tornaram-se uma indústria que consome muita eletricidade, e tornou-se muito difícil fornecer a eletricidade consumida por esta indústria, devendo procurar-se soluções baratas e simples. Para poupar energia. A cadeia de blocos é uma das novas tecnologias. Qualquer pessoa que pretenda ter um futuro seguro e estar totalmente preparada para eventos futuros alcançará os preparativos necessários participando na tecnologia de cadeia de blocos. A cadeia de blocos é utilizada em vários domínios, uma das aplicações da cadeia de blocos é a possibilidade de realizar transacções entre pares de moedas digitais como a Bitcoin. De facto, as moedas criptográficas são de código aberto e não têm qualquer organismo de supervisão. É interessante saber que as transacções de moeda digital são confirmadas por mineiros, também chamados de mineradores, e cada uma destas transacções é colocada num bloco, sendo estes blocos também adicionados a uma cadeia. Naturalmente, a adição deste bloco é efectuada em cadeia por mineiros que têm de resolver uma série de problemas matemáticos muito difíceis numa sequência especial. Fazer a mesma coisa requer muita energia para os processos de computação e cálculo. Assim, há dois pagamentos para os mineiros: um é pela resolução de problemas matemáticos e blocos difíceis e o segundo é a cobrança de taxas pelas transacções. Consequentemente, é evidente que quanto maior for o poder de processamento do mineiro, maior será a probabilidade de adicionar mais blocos à cadeia para receber mais recompensas. Tendo em conta o que precede, mais esforço para obter mais recompensas significa mais concorrência na obtenção de poder. O processamento aumentará e, consequentemente, o consumo de energia aumentará. De acordo com os estudos efectuados, só a rede Bitcoin consome anualmente 3,5 gigawatts de eletricidade, o que equivale ao consumo anual de energia da Irlanda. Relativamente aos mineiros de moeda digital, estima-se que, de acordo com esta investigação, 85% de toda a extração de moeda digital é feita na China. Por conseguinte, é evidente que a energia necessária para fornecer esta quantidade de eletricidade é obtida a partir da extração de carvão e de combustíveis fósseis, o que conduz a uma utilização excessiva da poluição e ao aumento dos poluentes atmosféricos. De facto, um dos problemas evidentes é o desperdício na utilização de energia produzida a partir de recursos renováveis. Em dias de sol ou mesmo num dia de vento, os painéis solares e as turbinas eólicas produzem mais energia do que aquela que consomem e, de acordo com estas condições, se esta energia for excedentária na rede eléctrica, grande parte da energia solar e eólica fica por utilizar. De facto, a razão para não utilizar a energia produzida em excesso é que é melhor e mais barato armazená-la em baterias. Esta é uma questão que se coloca em todo o mundo e é um dos desafios económicos porque o desperdício de recursos renováveis está longe dos objectivos económicos. Os recursos renováveis aumentarão em cerca de 2,6%.

Além disso, a quota de energia de produção renovável no total da energia de produção atingirá 35% em 2041, contra 25% em 2014. Estes números revelam progressos no domínio das energias limpas. Mas a solução para a utilização do excesso de energia renovável constitui um grande desafio para investidores e consumidores. Por esta razão, temos de procurar métodos novos e modernos para as redes de eletricidade e de energia actuais e utilizar estes métodos tradicionais Vamos pôr isto de lado. Uma das soluções novas e modernas é a extração de moedas digitais e criptomoedas utilizando a energia excedente. Este método e solução tem um potencial muito elevado para eliminar defeitos financeiros e técnicos, e o desperdício de energia é facilmente evitado, e depois traz riqueza com ele. De facto, é possível investir nos domínios das energias renováveis com os lucros das moedas digitais. Atualmente, uma grande parte da eletricidade utilizada para a extração de criptomoedas provém de fontes fósseis e não renováveis, que são mais baratas do que as fontes renováveis. Mas o objetivo é orientar a energia não renovável para a extração de moedas digitais, a fim de reduzir a poluição e a emissão de gases poluentes. Mas para isso, durante a produção de energia renovável, duas opções devem ser consideradas: A energia renovável deve ser vendida à rede eléctrica ao preço grossista do mercado. Durante a produção do excedente, a parte adicional deve ser armazenada na rede para consumo no pico da hora. Quando, devido ao facto de as baterias estarem cheias ou não serem económicas, a procura de armazenamento é reduzida, o excesso de energia produzido pode ser utilizado para minerar criptomoedas. As duas primeiras são atualmente utilizadas para ganhar dinheiro com as energias renováveis da rede eléctrica. Mas a terceira opção é um item novo e adicional que pode ser fornecido às pessoas. De facto, a utilização de energia excedente não só evita o desperdício de recursos, como também cria valor e capital e torna as moedas digitais mais compatíveis com o ambiente. Como resultado, a mineração de moedas digitais e a adição de blocos serão feitas sem a criação de gases poluentes. De acordo com a investigação, em 2017, cerca de 12% da energia eólica na China foi desperdiçada. Ao utilizar a energia excedente na direção da mineração de criptomoedas de base, cria-se uma riqueza que pode ter um impacto significativo na eliminação dos poluentes atmosféricos. Tal como um dominó, imagine que uma moeda digital é extraída da riqueza. O obtido pode ser utilizado para investir em infra-estruturas de energias renováveis e, da mesma forma, será criado um ciclo estável e útil. De facto, neste ciclo, para além do capital estável que se obtém, também provocará o crescimento do sistema básico de criptomoedas. Usando esse método, você alcançará a economia circular. A economia circular é uma economia cujo principal objetivo é não produzir resíduos e proteger o ambiente, e ao mesmo tempo alcançar uma economia sustentável. De facto, quando os edifícios residenciais altos são parceiros na produção e armazenamento de energia e nas suas despesas de capital, por que não partilhar os lucros da energia excedente? Para além dos benefícios financeiros que traz, reduzirá as emissões de carbono nas cidades. Em toda esta história, a tecnologia blockchain desempenha o primeiro e principal papel e torna muito mais fácil alcançar o objetivo de tornar as cidades mais inteligentes. É verdade que a produção de energia renovável não vai parar, mas existem limitações como a gestão e transmissão eficientes. e o consumo estão envolvidos na indústria da eletricidade. Nos últimos anos, a economia digital desenvolveu-se fortemente com base na tecnologia da Internet, e a tecnologia blockchain desempenhou um papel importante na promoção do processamento de informações de alta qualidade. O sistema de moedas digitais ainda está em fase de avanço e crescimento, no entanto, eles têm falhas e riscos ocultos no mercado que não podem ser ignorados. A fim de garantir os direitos e os interesses legítimos dos investidores, esta tendência de desenvolvimento económico global, desde o desenvolvimento da tecnologia de blocos da China até à moeda digital, analisa a medição contabilística e as normas contabilísticas conexas e, em seguida, apresenta sugestões para a melhoria global deste sistema. O objetivo deste artigo é abordar concetualmente a moeda digital e os seus efeitos no desempenho contabilístico. As conclusões deste artigo sugerem que uma supervisão governamental eficaz, o reforço do comportamento contabilístico das unidades empresariais, o reforço da construção de redes de cadeias de blocos, etc., promoverão a construção de tecnologias de informação internas e uma melhor coordenação do desenvolvimento da economia digital e da sociedade com a moeda digital. A tecnologia Blockchain, que muitas pessoas conhecem através da moeda digital, está agora pronta para desafiar a maioria das áreas de negócio, desde as indústrias tradicionais, como a imobiliária, até às empresas mais modernas, como o carpooling ou a partilha de automóveis para reduzir o tráfego e a poluição atmosférica. ) para se tornar Gestão de Projectos é também uma dessas áreas. É claro que a evolução das habilidades de gerenciamento de projetos com blockchain ainda é teórica, mas os empreendedores de criptografia há muito tempo trabalham em maneiras de implementar um livro-razão imutável, que é o principal componente na discussão de gerenciamento. Os projectos futuros estarão a funcionar. A vantagem mais óbvia da cadeia de blocos é a capacidade de manter um registo de eventos de forma imutável utilizando a tecnologia de livro-razão distribuído (DLT). No futuro fluxo de trabalho de gestão de projectos, a equipa de projeto pode utilizar esta tecnologia para vários fins, um dos mais importantes dos quais é talvez Isto significa que todos os membros terão acesso a uma referência imutável à verdade e à informação correcta. Num livro-razão distribuído, cada nó ou computador ligado à rede alojará os dados do projeto de forma independente. . Cada nó também actualiza esses dados. Por outras palavras, ninguém pode alterar ou substituir estes dados no sistema. Sempre que surgir um problema, toda a equipa do projeto pode consultar uma única fonte para encontrar a verdade e a versão original. Esta caraterística é muito útil em caso de litígio, nomeadamente com um terceiro que se encontre fora da rede (um cliente ou um empreiteiro). Era. Por exemplo, se tiver agendado com o seu empreiteiro o envio de trabalhadores para o edifício numa determinada data e este enviar pessoas muito mais tarde ou mais cedo, qualquer pessoa pode verificar no livro de registos que a culpa foi do empreiteiro. Ou não. Para os assuntos internos do projeto, também se pode confiar nos dados do razão geral ao analisar as operações da empresa. Por exemplo, a partir destes dados, pode compreender quanto tempo é gasto em cada tarefa e identificar oportunidades para uma maior produtividade. Poderá dizer-se que isto já pode ser feito com uma suite centralizada de gestão de projectos na nuvem e que, por isso, não há necessidade de Não é blockchain. Mas vamos aceitar que, atualmente, existe a possibilidade de alguns dados se perderem devido a razões como interrupções causadas por perturbações do anfitrião da nuvem ou negociações secretas para manipular dados. Com a tecnologia de livro-razão distribuído, pode ter a certeza de que os dados introduzidos pela sua equipa estão completos e inalterados. não foi Mais, graças aos múltiplos nós paralelos, sempre que o seu próprio nó se desliga por várias razões, incluindo alterações de software e de dados, nada se perde graças às múltiplas cópias de dados. Várias cópias de informação são armazenadas em todos os nós e será possível aceder a todas elas instantaneamente. Um contrato inteligente é um código que é executado na cadeia de blocos. Este contrato contém determinadas regras que devem ser aceites por todas as partes do contrato. Sempre que os termos do contrato são cumpridos, o contrato inteligente é automaticamente executado e concluído. Em projectos com processos de gestão complexos, os contratos inteligentes podem ser potencialmente utilizados como uma ferramenta para gerir tarefas interdependentes. Por exemplo, atualmente, no sector da construção, assiste-se ao crescimento da utilização da modelação da informação de construção (BIM).

A ideia principal da modelação da informação de construção é facilitar a colaboração entre diferentes partes interessadas, como empresas de arquitetura, engenheiros civis, fornecedores e outros, num projeto de construção. Consideremos um projeto de construção com um produtor de betão, trabalhadores da construção civil e o proprietário do projeto. O proprietário do projeto pode criar contratos inteligentes para notificar os trabalhadores da construção civil para se apresentarem ao trabalho na data especificada, depois de o carregamento de betão chegar ao local de construção. Enquanto o betão não for entregue, o empreiteiro não tem qualquer obrigação para com os trabalhadores. Não estará disponível na data especificada. Este trabalho pode evitar o desemprego e a perda de tempo dos trabalhadores e ajudar a controlar o orçamento do projeto. O empreiteiro é livre de atribuir trabalhadores a qualquer outro projeto sem ter de notificar o proprietário original do projeto. Neste caso, o empreiteiro, que é responsável pela contratação dos trabalhadores, baseia-se apenas nas informações fornecidas no contrato. O dono da obra, que não recebeu o carregamento de betão na data prevista, não pode opor-se ao empreiteiro. Da mesma forma, pode utilizar contratos inteligentes apenas para emitir uma série de ordens específicas aos fornecedores. Por exemplo, determinar a quantidade e a qualidade do aço necessário apenas se o engenheiro do projeto tiver aprovado o desenho. Se o engenheiro civil encontrar inconsistências no projeto, os fornecedores não serão notificados para enviar materiais de construção até que os projectistas resolvam o litígio. Mas quando o engenheiro civil aprovar o projeto, os fornecedores receberão encomendas com base no projeto atualizado. Assim, o dono do projeto não terá de pagar custos adicionais devido à incoerência entre a encomenda de materiais e o plano do projeto. Estes contratos podem ser utilizados na indústria da aviação, na indústria automóvel, na indústria eletrónica e noutros tipos de projectos. Um conjunto BIM baseado em cadeias de blocos pode fornecer a cada parte interessada uma fonte imutável de metadados (Metadados). Podem utilizar estes metadados como um certificado válido para resultados de arbitragem, litígios, processos regulamentares, bem como para efeitos de acreditação, como a atribuição de normas de construção LEED e WELL. Certamente que sim. É verdade que a implementação da cadeia de blocos na gestão de projectos nos trará potencialmente benefícios, mas também trará desafios. Por exemplo, o livro-razão da cadeia de blocos depende de nós. Se os nós estiverem saturados com demasiados dados, a sua velocidade pode abrandar. Em projectos como os de construção, em que os metadados são muito grandes, o livro-razão distribuído pode ser difícil de escalar. Do mesmo modo, é provável que se deva refletir mais sobre a forma como os gestores de projectos e as empresas abordam os processos de gestão de projectos integrados na cadeia de blocos. A engenharia civil é uma das áreas mais antigas e extensas da engenharia que opera no domínio da construção e das infra-estruturas civis. Como engenheiro civil, deve estar familiarizado com temas relacionados com estruturas edificadas e não edificadas, conceção, construção, supervisão, gestão de projectos de construção, otimização da utilização de recursos naturais, gestão de pavimentos e proteção ambiental. Entre as funções dos engenheiros civis contam-se a conceção e a construção de estruturas de betão, metálicas e de madeira, a conceção e a realização de sistemas de água e de esgotos, a conceção e a realização de redes de distribuição de gás, de eletricidade e de caminhos-de-ferro, a gestão de projectos de construção, a análise e a melhoria do desempenho das estruturas, a conceção e a construção de barragens, pontes e túneis, a análise e a melhoria da qualidade das estruturas e das infra-estruturas de construção, a gestão dos pavimentos e a proteção do ambiente, etc. De um modo geral, um engenheiro civil deve estar familiarizado com a engenharia química, a mecânica, os materiais, a hidrometeorologia e a sismologia, a fim de fornecer as melhores soluções para a conceção e execução de projectos civis. Considerando que a engenharia civil é um dos domínios mais importantes e populares na indústria da construção e das infra-estruturas, o mercado de trabalho para os engenheiros civis é muito vasto. Os engenheiros civis podem trabalhar em vários domínios, como a conceção, a consultoria, a supervisão, a construção, a gestão de projectos, a educação e o ambiente. Devido ao crescimento cada vez maior da urbanização e à necessidade de novas infra-estruturas nas comunidades, o mercado de trabalho para os engenheiros civis está a expandir-se significativamente. Por outro lado, devido ao avanço da tecnologia e à utilização de software de aplicação na conceção e construção de estruturas e infra-estruturas de construção, os engenheiros civis, ao dominarem estas ferramentas, podem facilmente participar no mercado de trabalho dinâmico e competitivo deste domínio. Em geral, devido à necessidade crescente de infra-estruturas novas e sustentáveis, os engenheiros civis estarão num mercado de trabalho dinâmico e competitivo no futuro. Ter um rendimento em dólares para os arquitectos é um dos sonhos de muitos profissionais no Irão. Considerando a diferença entre as taxas do dólar e do rial e, claro, considerando o baixo nível de rendimentos no Irão, é natural que o desejo de ter um rendimento em dólares tenha aumentado. Atualmente, quando o trabalho freelance se tornou uma das melhores formas de ganhar dinheiro, encontrar trabalho em sites de freelance estrangeiros pode ser uma das boas opções para os profissionais. Mas como é o processo de trabalho e como atuar é o tema do nosso artigo. A seguir, falaremos mais sobre a renda em dólar e o freelancer de arquitetura. A arquitetura é uma combinação de arte e engenharia. Um arquiteto concentra-se no design. Esse design pode ser o desenho de um mapa de um prédio ou o projeto de um parque ou playground. Para trabalhar na área da arquitetura freelance, pode ir para os sub-ramos desta área. O design de fachadas de edifícios, a decoração de interiores de casas ou de vários centros, a renovação, o design de interiores e muitos outros casos semelhantes são subcategorias da engenharia arquitetónica, com a ajuda das quais pode obter projectos como freelancer e até ganhar dinheiro com a arquitetura. A experiência, por si só, não é suficiente para ser um arquiteto e designer profissional. Um arquiteto deve aprender diferentes competências. Um arquiteto deve ser um bom designer. Conhecer os princípios básicos do design e ter uma mente multidimensional. Desta forma, assim que ouve a explicação do empregador sobre o trabalho, pode visualizar o plano geral do espaço desejado na sua mente e depois colocá-lo no papel. O designer e o arquiteto devem ser capazes de manter uma boa relação com o seu empregador. Esta comunicação é importante porque o arquiteto deve ser capaz de transmitir bem as suas opiniões ao empregador e, ao mesmo tempo, ter a flexibilidade necessária para aceitar as opiniões do empregador. Um dos princípios mais importantes para um arquiteto é a criatividade. Fazer tarefas repetitivas que toda a gente pode fazer não é uma arte muito especial. Um arquiteto deve ter criatividade suficiente para ser capaz de propor o melhor design para a sua estrutura. Atualmente, todas as pessoas em todas as áreas especializadas têm de saber trabalhar com computadores e utilizar diferentes programas informáticos na sua especialidade. Vários softwares de desenho como o 3D Studio Max, AutoCAD, Vray, SketchUp e Revit estão entre os softwares mais importantes no campo da arquitetura que um arquiteto deve conhecer. A arquitetura é uma das especialidades que pode ser utilizada como freelancer para obter projectos em sites estrangeiros e ganhar dinheiro. Um freelancer de arquitetura pode trabalhar em vários ramos, que mencionaremos a seguir. O design de interiores é um dos ramos mais populares da arquitetura, que tem muito potencial para trabalhar como freelancer. Um designer profissional apresenta o projeto do espaço desejado tendo em conta todos os elementos disponíveis. O design de interiores pode ser exclusivo do design de interiores e da arquitetura, ou pode ser um sub-ramo da decoração de interiores. A decoração de interiores é, de facto, a forma de escolher e organizar todos os elementos dentro de um espaço residencial ou não residencial. A decoração de interiores é uma das partes mais importantes do design de interiores. Porque todo o espírito e carácter do espaço podem ser transmitidos ao espetador com a ajuda dos seus dispositivos. A conceção exterior ou design exterior é outro ramo da arquitetura. Esta arte inclui a conceção da fachada do edifício e dos seus arredores. Quando se olha para um edifício, podem-se sentir sensações diferentes sobre o espaço a partir do tipo de design da sua fachada. Por esta razão, o design da fachada é considerado uma das partes mais importantes da arquitetura. A conceção de hotéis é conhecida como um dos ramos distintos da arquitetura. O hotel é um dos principais sectores da indústria do turismo em todos os países. A conceção de um hotel pode evocar a cultura, a história e a arte de um país. Deste ponto de vista, é possível compreender a importância da conceção de um hotel. A renovação é outra parte relacionada com a arquitetura. Na reconstrução, o esqueleto principal de cada edifício é geralmente preservado e diferentes partes são redesenhadas e construídas. A renovação é uma parte que deve ser combinada com muita criatividade e arte para obter o resultado desejado. Entre as disciplinas que podem ser consideradas como sub-ramos da arquitetura para trabalhar como freelancer, a conceção de diferentes espaços é um dos melhores postos de trabalho. A conceção de hospitais, cinemas, parques infantis, escolas, universidades, espaços urbanos e fábricas são alguns dos aspectos que podem ser trabalhados separadamente. No domínio do freelancing em sites estrangeiros, existem muitos sites que oferecem diferentes projectos para todas as especialidades. Mas alguns destes sítios foram concebidos exclusivamente para uma competência específica. No que diz respeito à engenharia arquitetónica e aos seus vários ramos, existem sites de ambos os grupos, que lhe a p r e s e n t a r e m o s  a seguir. Fire é um dos sítios de freelancers mais importantes do mundo. Se tiver uma das competências relacionadas com a arquitetura, como o design de interiores, a renovação, o design de decoração ou qualquer outro ramo, pode colocar o seu currículo no Fiver e atrair clientes. Como freelancer de arquitetura, pode carregar os seus projectos e experiências neste site e anunciar o salário pretendido. Agora, o empregador já o encontrou e está a agir em prol do contrato. Ganhar dinheiro com um projeto de arquitetura significa ganhar dinheiro utilizando as suas competências e conhecimentos na utilização de software concebido especificamente para as indústrias da arquitetura, engenharia e construção (AEC). . Antes de falarmos sobre os métodos de ganhar dinheiro com projectos de arquitetura, é necessário mencionar que o primeiro passo para ganhar dinheiro na área da arquitetura é a formação. Com a formação em Trade Max, a formação em renderização, a formação em Corona, a formação em animação, Lumion, Substance Painter e Weary, pode receber projectos externos para além dos projectos internos. Neste caso, o rendimento em dólares permitir-lhe-á fazer progressos significativos na sua vida. Outra forma de ganhar dinheiro é vender modelos 3D Com o software de arquitetura, pode criar modelos 3D e vendê-los em mercados online como o TurboSquid, o CGTrader e o Sketchfab. Os seus modelos 3D podem ser utilizados por arquitectos e designers de todo o mundo e receberá uma percentagem das vendas. Assim, pode concluir-se que a formação em software de simulação tem muitos benefícios para as pessoas e pode afetar os seus rendimentos. A utilização de algoritmos de negociação baseados na memória e na acumulação do mercado tem sido capaz de gerar lucros, e o desenvolvimento de modelos e algoritmos pode ajudar os investidores a gerar rendimentos e, por outro lado, conduzir à eficiência do mercado a longo prazo. Devido ao baixo preço da energia no Irão e à estabilidade das redes de distribuição de eletricidade, os centros ilegais de extração de criptomoedas desenvolveram-se dramaticamente. Esta questão causou muitos desafios e problemas em vários domínios, especialmente nas áreas de funcionamento e estabilidade da rede de distribuição de eletricidade. O aumento significativo da carga da rede de distribuição, a criação de tensão fraca, danos nas instalações eléctricas da rede e outros assinantes, a criação de perdas técnicas, não técnicas e comerciais e o surgimento de numerosos problemas financeiros e legais estão entre os problemas mais importantes que as empresas de distribuição de eletricidade enfrentaram nos últimos anos. O facto de a Bitcoin não ter qualquer entidade reguladora, banco central ou apoio governamental levanta dúvidas sobre a legitimidade das moedas digitais que, apesar de ainda não serem reconhecidas de forma fiável, no entanto, com a expansão do número de vendedores em todo o mundo que utilizam estas moedas, a sua popularidade está a aumentar de dia para dia, o aparecimento de criptomoedas realçou os problemas inerentes relacionados com o anonimato e, consequentemente, aumenta a preocupação com coisas como o branqueamento de capitais. As entidades reguladoras e os organismos responsáveis pela aplicação da lei estão também a tentar gerir estas questões, que estão enraizadas na natureza da Bitcoin e de outras moedas digitais. Em resposta a estas ameaças, as instituições acima mencionadas emitem várias decisões para definir as moedas digitais num quadro financeiro. As opiniões das entidades reguladoras sobre a aplicabilidade das criptomoedas como moeda ou ativo de base também diferem entre si. O debate sobre as trocas e os investimentos no domínio das criptomoedas no país é uma das questões mais importantes e menos discutidas no domínio da regulamentação. O ambiente político deste domínio no Irão é complexo e inclui muitas partes interessadas. Os desafios relacionados com a tecnologia, por exemplo, a possibilidade de branqueamento de capitais e a saída de moeda do país, juntamente com desafios como a multiplicidade de beneficiários, a ambiguidade das consequências da expansão das bolsas de criptomoedas e as ambiguidades jurídicas podem motivar os reguladores a entrar neste domínio. No entanto, não prestar atenção a este domínio pode colocar o país perante desafios tecnológicos e económicos no futuro. Apresentando uma análise política sobre a questão das bolsas e investimentos em criptomoedas, analisando as partes interessadas, examinando as tendências no mundo e, finalmente, apresentando soluções propostas para a regulamentação desta área. Entretanto, para além de estudar os documentos existentes, através da realização de entrevistas com os activistas deste domínio, foram identificados os principais desafios e introduzidas soluções adequadas. As soluções propostas foram definidas em três categorias temporais; Aumentar a consciencialização do público e das elites em torno da questão das criptomoedas é a solução inicial e de curto prazo. A médio prazo, de acordo com o tipo de função de cada criptomoeda, podem ser utilizadas soluções como a organização de bolsas, a atenção às instituições de autorregulação, incluindo a bolsa de valores e o mercado de balcão como um dos principais depositários, a expansão do uso de fundos transaccionáveis e a implementação do plano de criptomoedas dos países islâmicos. A nível mundial, foram adoptados quadros regulamentares e abordagens diferentes e por vezes contraditórios para lidar com o fenómeno das criptomoedas, especialmente a Bitcoin. Alguns países declararam o seu acordo tácito com os aspectos práticos e gerais da criptomoeda, como a realização de transacções, enquanto alguns outros optaram por impor restrições e proibições legais. A diversidade da legislação neste domínio é fortemente influenciada pela situação económica dos países, pela agilidade das instituições reguladoras, pelo nível de informação das instituições decisoras sobre as criptomoedas e o seu mecanismo funcional, ou pelas políticas nacionais em matéria de luta contra o branqueamento de capitais e o financiamento de grupos terroristas. É um dos factores determinantes da orientação e do desempenho da regulamentação. Dependendo do facto de o mercado de prestação de serviços ser monopolista, semi-competitivo, competitivo ou autónomo, a função e o papel do regulador serão completamente diferentes. Numa classificação geral, as abordagens regulatórias podem ser divididas em quatro categorias, de acordo com a situação do mercado: interventiva, preventiva, fiscalizadora, incentivadora e punitiva e autónoma. Atualmente, a Bitcoin é considerada a moeda digital mais popular do mundo e é considerada uma opção atractiva para investimento. No entanto, deve notar-se que o preço da Bitcoin é muito instável e, de certa forma, pode ser definido como um lucro elevado juntamente com um risco elevado. Por esta razão, os investidores neste domínio procuram uma ferramenta para prever o preço da Bitcoin, a fim de minimizar o risco existente. Nos últimos anos e com o avanço da tecnologia, as redes de aprendizagem profunda tornaram-se muito populares na análise de séries temporais. Neste estudo, tentou-se examinar o poder e a eficiência destas redes no mercado da moeda digital, utilizando modelos de aprendizagem profunda e, mais especificamente, a rede de unidades recorrentes fechadas (GRU), e, se possível, prever com exatidão a tendência do movimento do preço da Bitcoin. Moeda a fornecer. Devido à falta de maturidade, o mercado de criptomoedas ainda apresenta muitas flutuações e está exposto ao desafio de prever a taxa e prever o seu comportamento nos mercados financeiros. Esta quantidade de liquidez, juntamente com o valor de mercado e o facto de ser novo e eletrónico, tem provocado grandes flutuações de preços neste mercado. A Bitcoin é a criptomoeda mais famosa que utiliza a tecnologia de cadeia de blocos. Nesta investigação, foram utilizados os conjuntos de dados relativos a dez moedas e um novo conjunto de dados, tendo em conta o preço final de cada moeda e para atingir o objetivo da investigação e determinar a direção e a precisão do preço da Bitcoin. Consiste em técnicas de extração de dados preditivos. A engenharia de características determinou que as dez criptomoedas estão altamente correlacionadas. Este trabalho foi realizado através da implementação do método de aprendizagem supervisionada, no qual a floresta aleatória, a classificação de vectores de apoio, o reforço de gradiente e a rede neural são utilizados no grupo de classificação e a regressão linear, a rede neural recorrente e a regressão de reforço de gradiente são utilizadas. Os dados têm as características de hora de abertura, hora de fecho, preço de abertura, preço de fecho, preço alto e preço baixo. O modelo proposto foi implementado utilizando a linguagem de programação Python e os resultados de desempenho foram registados separadamente. Os resultados da previsão são apresentados com base nos valores de erro de previsão para três modelos de rede neural, -K vizinho mais próximo e combinação de rede neural com -k vizinho mais próximo (modelo proposto). Os resultados obtidos mostram que o modelo proposto tem uma taxa de erro de previsão mais baixa, porque todos os critérios de cálculo do erro deste modelo são inferiores aos dos outros modelos. Com base nisto, pode dizer-se que o modelo proposto tem um poder elevado em comparação com outros modelos na previsão do preço do Monero. As criptomoedas são códigos informáticos criados com recurso a técnicas de encriptação e são consideradas um meio de troca. A natureza transfronteiriça deste fenómeno exige a análise do seu estatuto no sistema de direito internacional. Embora muitos governos tenham reconhecido as criptomoedas na maioria do conceito de dinheiro, alguns governos consideram-nas como um ativo, quer se trate de bens ou serviços, que também pode ser considerado um investimento em determinadas condições. Neste caso, coloca-se a questão de saber qual é o estatuto jurídico das criptomoedas em termos de bens ou serviços ou de capital no sistema de direito comercial internacional e de investimento estrangeiro. A hipótese é que considerar as criptomoedas como bens ou serviços ou capital causa problemas na aplicação do sistema tradicional do direito comercial internacional e do investimento estrangeiro. A Organização Mundial do Comércio, como o pilar mais importante do sistema de direito comercial internacional, não tem regras explícitas sobre as criptomoedas, e a aplicação dos princípios do comportamento nacional e do comportamento das nações vizinhas no âmbito destes acordos sobre transacções baseadas em criptomoedas enfrenta desafios. Se este ativo preencher as condições de capital estrangeiro, o facto de a origem deste ativo ser ou não estrangeira é uma das questões mais importantes para identificar as criptomoedas como capital estrangeiro. Se as criptomoedas puderem ser consideradas como um exemplo de valores mobiliários ou serviços de telecomunicações, serão incluídas no âmbito do sistema jurídico da Organização Mundial do Comércio. Além disso, o investimento de criptomoedas numa tecnologia como o livro-razão distribuído ou a utilização de criptomoedas para comprar acções de empresas ou equipamento para investimento, bem como a compra de tokens ICA, é um exemplo de capital definido nos tratados gerais de investimento. As criptomoedas são um dos mais recentes activos da última década que muitas pessoas em todo o mundo compram, vendem, armazenam, produzem e exploram. No nosso país, nos últimos anos, tem havido uma grande tendência para as criptomoedas, e uma das questões que o sistema jurídico iraniano enfrenta é a de as organizar. Com a definição de propriedade no nosso sistema jurídico, as criptomoedas devem ser consideradas entre as propriedades que o processo judicial do nosso país emitiu um consenso com base na sua propriedade. O que se questiona em termos de investigação futura neste artigo é a necessidade ou não de o legislador entrar neste domínio e de iniciar legislação ou regulamentação por parte do governo. A moeda, enquanto índice de mediação das trocas, medida do valor dos bens e meio de armazenamento de valores, interessa à humanidade desde a Antiguidade. Ao examinarmos a história da evolução do dinheiro, deparamo-nos com um tipo de dinheiro chamado criptomoeda. Ao contrário de outras moedas, a emissão de criptomoedas não está sob a autoridade de um governo específico, o que reduz a interferência dos governos nas questões financeiras. Por conseguinte, é necessário um esforço especial para verificar a legitimidade da sua utilização. Explicando a natureza jurisprudencial e o entendimento comum sobre as criptomoedas, analisando o seu funcionamento e expondo as suas vantagens e desvantagens, foi analisada a possibilidade de concretização de títulos como a propriedade das criptomoedas. Em seguida, comprovando a propriedade das criptomoedas e também explicando a sua natureza, foram explicados os seus formatos de negociação. Na análise da natureza jurisprudencial das transações que ocorrem com criptomoedas, pode-se concluir que títulos como a venda, a paz e até mesmo o contrato por tempo indeterminado também podem ser aplicados a esse tipo de transação. Os autores desta investigação acreditam que, ao contrário do que se pensa, é possível prometer a autenticidade de transacções baseadas em criptomoedas. A moeda digital tem o potencial de crescer a um ritmo muito significativo em todo o mundo, beneficiando o dólar americano e as empresas americanas, pelo que imagino que a prioridade e o desenvolvimento desta infraestrutura é uma prioridade económica e de segurança nacional para os Estados Unidos e que temos de abordar agora. Os tipos de moedas criaram muitas questões nas mentes dos comerciantes de outros mercados e pessoas. A moeda digital ou criptomoeda é uma forma especial de dinheiro digital que se baseia na ciência da criptografia. As criptomoedas não são geridas por nenhum banco e podem ser utilizadas para comprar e vender em todo o mundo. Atualmente, o mundo inteiro está ligado através da Internet; os computadores vieram ajudar-nos a ser mais eficientes em todos os domínios. O que antes era feito em poucos dias, agora, com a ajuda dos computadores, pode ser feito em poucos minutos. Tal como o ouro era raro e valioso para os nossos antepassados, ter poder de computação é também muito valioso para nós e tornou-se parte integrante das nossas vidas. Embora o objetivo da criação de moedas seja obter benefícios económicos e facilitar as trocas, mas como qualquer outra moeda, elas podem ser colocadas para além das utilizações legítimas dos meios ou do objeto de cometer um crime. Os princípios das agências de segurança relevantes estão por detrás dos criminosos e dos métodos e ferramentas inovadores, por isso, uma ideia criminosa é primeiro planeada e implementada, e depois a polícia e outras agências de segurança Este problema surge no domínio cibernético-tangível da confiança e da criptografia, e a Bitcoin é bem recebida pelos criminosos por várias razões, incluindo o anonimato das partes e a falta de transparência das transacções. Os números, letras e símbolos desconhecidos podem ser vistos, a possibilidade de identificar a identidade das pessoas e as suas transacções é indetetável, pelo que é a melhor ferramenta para o crime de branqueamento de capitais. Não há forma possível. Esta questão colocou os governos perante um vasto desafio que exige uma visão e compreensão aprofundadas, legislação e medidas adequadas. Devido ao seu aspeto organizacional e supra-organizacional, o crime de branqueamento de capitais tem sido investigado por grandes organizações e países, e são adoptadas medidas como medidas punitivas, de segurança e de prevenção, mas nada é feito. Qualquer uma dessas medidas não terá muito efeito se não houver uma estratégia e uma política favoráveis. Neste domínio, os países adoptaram diferentes políticas, desde a proibição total a políticas baseadas na observação e avaliação, políticas especiais e regulamentação. Relativamente às criptomoedas, não foram aprovadas leis ou regulamentos especiais no nosso país, pelo que é necessário verificar as regras em vigor. É necessário consultar as regras gerais. No mês de 2016, o Banco Central anunciou a proibição da troca de criptomoedas, é claro, essa instrução era interna à organização e apenas as unidades subordinadas do Banco Central tinham que seguir. Esta instrução foi concluída em 2018. Como resultado, o banco central foi absolvido dos efeitos legais causados pelas transações de criptomoedas pelo público. Em fevereiro de 2017, o vice-presidente de novas tecnologias do banco central preparou um projeto de lei sob o título de requisitos e regulamentos no domínio das criptomoedas. De acordo com este projeto, todos os tipos de criptomoedas foram examinados e explicados separadamente, mas nunca chegou à fase de aprovação. Na prevenção do crime de branqueamento de capitais através de criptomoedas, o papel do governo e das instituições privadas é de particular importância, porque a implementação de uma política e estratégia coerente de combate ao branqueamento de capitais, tanto na forma tradicional como na forma de ameaças cibernéticas, requer uma gestão especializada a nível nacional. sistema monetário e bancário. Com isso, é necessário que as instituições responsáveis pelo combate aos crimes financeiros, sob qualquer título, passem a lidar com a lavagem de dinheiro de novas formas, utilizando especialistas em criptomoedas de maneira organizada e concreta. Além das iniciativas governamentais que desempenham um papel efetivo no combate à lavagem de dinheiro, há outros atores que desempenham um papel fundamental nesse campo. Uma vez que as criptomoedas são lançadas à margem dos sistemas governamentais e de forma privada, como qualquer fenómeno criado num ambiente não governamental, não existem especialistas nesta área empregados ou em comunicação com o governo. Surgiram empresas neste domínio que concentraram as suas actividades na recolha, análise e investigação de transacções suspeitas de branqueamento de capitais, a fim de proteger as criptomoedas e reforçar a economia relacionada com a tecnologia da cadeia de blocos. Ao explicar e explicar o fenómeno das criptomoedas e o seu papel no surgimento do branqueamento de capitais, a presente investigação leva-nos à importância que no crime de branqueamento de capitais, considerando o aspeto organizacional e transnacional de interação e fortalecimento da cooperação internacional, a melhoria do conhecimento técnico da polícia, e o reforço do papel das bolsas e dos bancos no reporte e transparência, ajudou a dominar e neutralizar o branqueamento de capitais a partir do espaço das criptomoedas. Entre as novas questões tecnológicas associadas ao espaço virtual está a utilização da Bitcoin como moeda virtual e criptomoeda em vez do dinheiro tradicional. As características únicas da Bitcoin separaram este tipo de moeda virtual de outras moedas virtuais; porque este tipo de moeda virtual tem enfrentado problemas por não estar incluído nos sistemas de pagamento tradicionais; de modo que, por um lado, foi desregulamentado e, por outro lado, as regras de pagamento tradicionais não têm lugar para este tipo de moeda; por conseguinte, esta questão tornou a bitcoin mais atraente para os criminosos financeiros e económicos do que outras moedas virtuais e conduz a crimes económicos como o branqueamento de capitais, a fraude, o contrabando de bens e de moeda, etc. A presente investigação estudou a política criminal do Irão na gestão das criptomoedas (Bitcoin) com um método descritivo-analítico; os resultados da investigação indicam que a política criminal do Irão contra os crimes decorrentes da utilização de criptomoedas tem sido uma política passiva (proibição de utilização), mas agora está a ser adoptada uma política mais realista semelhante à política de "esperar para ver". E ver" foi adoptada. De acordo com esta política, o banco não é um garante no domínio da confirmação da autenticidade das criptomoedas e não aplica quaisquer mecanismos de gestão e estabilização dos seus preços, sendo o risco e o risco do investimento do próprio investidor. A onda de avanços inteligentes criou oportunidades de crescimento e melhoria em todos os espaços onde o ser humano se encontra.

Coisas e questões que pareciam impossíveis há 16-21 anos fazem agora parte dos axiomas da vida humana. Por exemplo, o pagamento em linha, a banca eletrónica, a carteira virtual, etc., passaram a fazer parte da vida quotidiana. A tecnologia Blockchain é uma nova revolução na era da tecnologia da informação, que já afectou muitos aspectos da vida e da indústria. Aspectos como a Internet das Coisas, o fabrico e a produção, as tecnologias financeiras e monetárias e as cadeias de abastecimento. Neste artigo, vários aspectos dos sistemas de planeamento de recursos empresariais (ERP) e a possibilidade de sua integração e integração com a tecnologia blockchain foram investigados. Considerando a arquitetura da maioria dos softwares de planejamento de recursos empresariais existentes, a integração e integração dessa tecnologia com ERP pode ser difícil e cara em alguns casos, e é necessário fazer alterações na estrutura e arquitetura de alguns softwares ERP, que também se referem à arquitetura apropriada. tem sido Para obter os benefícios de segurança e não adulteração de dados, é muito necessário e crítico integrar os dois aspectos dos dados e da lógica de negócios. Os métodos de pagamento em todo o mundo estão a mudar rapidamente. A possibilidade de pagar rápida e facilmente em qualquer lugar e a qualquer momento é uma das expectativas mais importantes dos actuais utilizadores do sistema bancário. O aparecimento de moedas digitais como a Bitcoin, a tecnologia de cadeia de blocos e os livros-razão distribuídos provocaram muitas mudanças no sistema económico dos países. Estes desenvolvimentos podem ter efeitos significativos no sistema financeiro e económico do mundo. Este artigo começou por definir a moeda como um meio de troca e de comércio e analisou as razões e os benefícios da emissão de moeda digital pelo banco central. Considerando que as recentes explorações internacionais sobre o futuro monetário do banco central estão relacionadas com duas instituições dinâmicas, ou seja, as moedas digitais e a tecnologia de cadeias de blocos, e, claro, a revisão e análise da sua complexidade e extensão está para além do âmbito de um artigo desta dimensão, o conteúdo É limitado pelos requisitos do assunto. Na próxima parte da blockchain, a sua história e características são explicadas e analisadas com ênfase no seu papel no sistema económico dos países. Além disso, a moeda digital do banco central, as partes interessadas, os contribuintes e os modelos nacionais de criptomoeda foram examinados e os requisitos de conceção da moeda digital do banco central como um novo produto foram investigados. Por último, são descritas as perspectivas e as consequências da utilização da moeda digital do banco central para o ecossistema económico. A popularidade das aplicações baseadas em cadeias de blocos impulsionou o desenvolvimento de um contrato inteligente como parte essencial da plataforma de cadeias de blocos. Investigações anteriores confirmaram que os contratos inteligentes podem facilitar muitas funções nas empresas de serviços financeiros, como a banca e os seguros. Um contrato inteligente é útil para automatizar a execução de um acordo, iniciando etapas temporais quando determinadas condições são cumpridas. Por conseguinte, pode eliminar o papel de qualquer intermediário ou a perda de tempo. Este estudo examina os conceitos básicos das aplicações baseadas em cadeias de blocos, os contratos inteligentes, os benefícios, os desafios e a potencial implementação no sector dos serviços financeiros. A criptomoeda é uma moeda baseada na ciência criptográfica que, apesar da gestão descentralizada pelos utilizadores, proporciona sempre segurança e funcionalidade nos pagamentos. A transferência rápida com o menor custo, a libertação descentralizada, a certeza do seu montante e a elevada segurança impedem que este tipo de ativo seja apreendido. Os pensadores islâmicos têm duas visões diferentes sobre a moeda. A par destes desafios da sharia, devido à transferência e descentralização peer-to-peer e à subsequente remoção das instituições intermediárias, a necessidade de elaboração de políticas face a este fenómeno económico emergente tornou-se particularmente importante. Em particular, todos os dias assistimos a enormes avanços tecnológicos, ao crescimento de empresas multinacionais, à integração da economia nacional no domínio das economias globais, à mudança do sistema monetário e financeiro e, finalmente, à criação de mercados globais novos e descentralizados. No espaço delineado, o novo sistema monetário é uma necessidade e enfrentar tal espaço é inegável. Entretanto, a criptomoeda é um pré-requisito para a consciencialização dos governos no sentido de fornecerem as plataformas necessárias para o desenvolvimento global com as políticas necessárias a diferentes níveis de governação, legislação e regulamentação. A abordagem do nosso país desde o surgimento deste novo fenómeno é diferente e, por vezes, contraditória. Por isso, neste artigo, com o método analítico da biblioteca, centrámo-nos nas investigações jurisprudenciais e legais do encontro com as criptomoedas e, no caminho da globalização, consideramos uma necessidade reforçar de forma abrangente este encontro inevitável antes da globalização. Com o desenvolvimento cada vez maior do comércio internacional a nível mundial, as instituições relacionadas com ele, incluindo o domínio do financiamento e outros domínios, também se expandiram. Em vez de facilitar o comércio, sob o pretexto de proporcionar segurança e estabilidade, esta expansão tornou o comércio complicado, dispendioso e, por vezes, jogou com as decisões de instituições poderosas como os governos. Além disso, a intervenção dos países poderosos do mundo nas relações comerciais sob vários pretextos e o estabelecimento de várias sanções contra países intensificaram esta complexidade. Parece que, se estes intermediários forem eliminados, as complicações, a lentidão e os custos das transacções comerciais podem ser reduzidos de forma significativa. Os avanços no domínio da tecnologia da informação, especialmente a tecnologia de cadeia de blocos e as suas impressionantes capacidades, como os contratos inteligentes, prometem isto aos activistas empresariais. A International afirmou que é possível remover intermediários poderosos deste ciclo de tal forma que a segurança, a estabilidade e a possibilidade de abuso não só não são abaladas como até aumentam. Neste artigo, a tecnologia de cadeia de blocos e, consequentemente, o contrato inteligente são explicados especificamente, e são também indicadas as deficiências dos contratos inteligentes, para as quais deve também ser pensada uma solução. Os diferentes tipos de moedas virtuais são divididos em duas partes numa classificação geral: moedas instáveis em termos de preço e moedas estáveis em termos de preço. As moedas estáveis em termos de preço são um dos tipos de criptomoedas cujos preços não flutuam no mercado e estão sempre a um preço estável. O valor destas moedas está indexado ao valor de um ativo no mundo real, como as moedas sem lastro (dólares, euros, yuan, ienes, etc.), ou ao valor de outras criptomoedas no mundo virtual, ou, em alguns casos, ao ouro ou ao petróleo. Assim, o preço destas moedas mantém-se constante, ao contrário do Bitcoin e do Ethereum, que têm preços flutuantes. Este artigo, que é uma biblioteca em termos de recolha de materiais e é analítico e descritivo em termos de apresentação e categorização das moedas virtuais, classifica as moedas virtuais estáveis em termos de preço em quatro categorias, como se segue, e apresenta os seus casos. Por último, apresenta as vantagens e desvantagens das moedas virtuais estáveis: 1-Moedas estáveis apoiadas por moedas tradicionais 2-Moedas estáveis apoiadas por moedas virtuais 3-Moedas estáveis sem apoio 4-Moedas estáveis apoiadas por activos físicos como o ouro. No mundo virtual do Metaverso, as questões relacionadas com a propriedade são objeto de muitas discussões. Imaginemos que entramos num jogo e que nele não progredimos no jogo, comprando equipamento ou construindo locais. Como se pode provar a propriedade individual neste mundo virtual? O objetivo da tecnologia Metaverse é proporcionar uma experiência de realidade aumentada às pessoas e mudar a sua prioridade do mundo físico para um mundo virtual. Mas para atingir este objetivo é necessário utilizar a tecnologia de cadeia de blocos e as moedas digitais. Na tecnologia Metaverse, os dados devem chegar ao seu destino sem defeitos e na hora marcada. Por esta razão, a tecnologia blockchain e as moedas digitais são uma parte inseparável do metaverso. As transacções efectuadas no mundo do Metaverso devem ser completamente seguras e processadas no mais curto espaço de tempo possível. Neste artigo, estudámos e revimos as tecnologias Metaverse e Blockchain. Hoje em dia, as criptomoedas são um termo familiar para muitas pessoas no mundo e no Irão. A tecnologia Blockchain é utilizada para transacionar criptomoedas. Nesta tecnologia, os mineiros desempenham o papel de verificadores de transacções. Os dispositivos denominados mineiros são utilizados para extrair as criptomoedas. A eletricidade é o principal custo da extração mineira. Devido ao aumento do número de quintas de mineração de criptomoedas, o consumo de eletricidade nesta indústria aumentou muito no país. A solução correcta para este fim é a utilização de energias renováveis. Uma vez que a maioria dos produtores de energia renovável são empresas privadas, o fornecimento de eletricidade produzida por estas empresas na bolsa de energia parece ser uma solução adequada para as explorações mineiras suprirem as suas necessidades de eletricidade a partir deste mercado. O aparecimento das criptomoedas como um fenómeno financeiro surpreendente na nova era constituiu um sério desafio para todos os sistemas jurídicos existentes no mundo. O desafio jurídico mais importante consiste em identificar este fenómeno como uma das naturezas financeiras e jurídicas aceites e comuns nos sistemas jurídicos. Mas, basicamente, este fenómeno é ou não compatível com a natureza do sistema jurídico? Aceitar este fenómeno como qualquer uma das naturezas financeiras comuns, como o dinheiro, a moeda, os bens, a propriedade, etc., tem vantagens e desvantagens. Além disso, o estudo comparativo deste fenómeno com as naturezas existentes indica a existência de semelhanças e diferenças que dificultam a sua definição e identificação. Por isso, o autor da presente investigação entende que devemos considerar o fenómeno das criptomoedas como semelhante à natureza mais semelhante que existe no ordenamento jurídico, e fazer valer para ele as suas decisões. Hoje em dia, as criptomoedas têm encontrado um papel significativo no sistema económico internacional, sendo necessário fazer um plano abrangente neste campo, tanto para fins económicos como para políticas e governação macro-legais. Tendo em conta esta necessidade, a presente investigação analisou alguns dos desafios económicos e de governação criados pelas criptomoedas, examinando e analisando a natureza e o fenómeno das criptomoedas e as suas dimensões técnicas e, em seguida, em pormenor, os componentes e analisou e explicou os desafios jurídicos com elas relacionados. Além disso, o estatuto jurisprudencial das criptomoedas em alguns países islâmicos, como os Emirados Árabes Unidos, a Malásia e a Arábia Saudita, também foi considerado. No eixo seguinte, são relatadas as políticas e políticas relacionadas com as criptomoedas na União Europeia e nos Estados Unidos. As criptomoedas, incluindo bitcoin, litecoin e ethereum, estão entre os frutos do desenvolvimento da tecnologia da informação no sistema financeiro internacional e até mesmo nacional na última década, que têm benefícios como o desenvolvimento de trocas internacionais de moeda e barateamento, bem como desafios como o desenvolvimento de crimes. Porque trouxeram consigo a lavagem de dinheiro e as violações da ordem económica e financeira dos países. A questão principal da presente investigação é que, de acordo com o desenvolvimento das trocas de criptomoedas no Irão nos últimos anos, qual é o ponto de vista jurisprudencial, tanto governamental como individual, em relação às criptomoedas. O resultado da investigação atual é que a legitimidade das criptomoedas se distingue de acordo com dois ramos do indivíduo e do Governo. Do ponto de vista da jurisprudência individual, as criptomoedas são um tipo de propriedade, as suas transacções não são usurárias e gananciosas e, por conseguinte, se a base de transação das criptomoedas for correcta do ponto de vista da Shariah, a troca de criptomoedas é halal do ponto de vista da Shariah. No entanto, se a base de transação das moedas criptográficas não for legítima, a sua transação é inválida e proibida. Do ponto de vista da jurisprudência governamental, o estatuto de troca das criptomoedas é diferente. Com base em argumentos como a regra da inofensividade, a regra do respeito e a regra da manutenção do sistema e da justiça, que impedem a implementação de políticas monetárias incorretas e o aumento excessivo da quantidade de dinheiro no sistema económico islâmico, é necessário até que o Estado de direito controle Criptomoedas não são organizadas. O crescimento cada vez maior das novas tecnologias da informação e o desenvolvimento significativo do espaço virtual não deixaram o campo do dinheiro e dos ativos financeiros sem uma participação nesse progresso e no uso de ferramentas tecnológicas. Um exemplo claro é a criação de moedas virtuais, cuja utilização está a aumentar de dia para dia. Estas moedas são campos emergentes com diversas tecnologias que são eficazes no mundo virtual e real, dependendo do nível de popularidade entre os utilizadores. Se quisermos dar um exemplo familiar entre as moedas virtuais, a Bitcoin é, sem dúvida, a moeda virtual mais bem sucedida entre as moedas semelhantes, que também foi bem recebida pelo público em todo o mundo. A Bitcoin é uma moeda virtual do tipo criptomoeda, que tem uma natureza descentralizada e funciona como uma rede peer-to-peer (Blockchain) e opera sem instituições intermediárias e de supervisão, como governos, bancos ou instituições financeiras. Neste artigo, procurou-se fazer uma revisão da história desta moeda virtual desde o início até à atualidade, o seu funcionamento, vantagens, desvantagens, oportunidades e ameaças que a rodeiam. As criptomoedas, entre elas o Bitcoin, são frutos do desenvolvimento da tecnologia da informação no sistema financeiro internacional e até mesmo nacional na última década, que trazem benefícios como o desenvolvimento de trocas internacionais de moedas e barateamento contra desafios como o desenvolvimento de crimes como lavagem de dinheiro e violações da ordem económica e financeira dos países. trouxeram consigo. Na presente pesquisa, que é descritivo-analítica; Do ponto de vista da jurisprudência individual, as criptomoedas são um tipo de propriedade, suas transações não são usurárias e gananciosas e, portanto, se a base de negociação das criptomoedas estiver correta do ponto de vista da Shariah, a troca de criptomoedas é permitida do ponto de vista da Shariah. No entanto, se a base de transação das criptomoedas não for legítima, a sua transação é inválida e proibida. Do ponto de vista da jurisprudência governamental, o estatuto de troca das criptomoedas é diferente. O resultado da presente pesquisa é que, com base em evidências como a regra da inofensividade, a regra do respeito, a regra da manutenção do sistema, a regra da ação e a regra da justiça, que impedem a implementação de políticas monetárias incorretas e o aumento excessivo da quantidade de dinheiro no sistema econômico islâmico, é necessário Enquanto o governo não estabelecer uma ordem legal para controlar as criptomoedas na economia do país, as transações em criptomoedas foram impedidas. Depois da roda, o dinheiro é considerado a mais importante invenção humana. Os historiadores atribuem a origem do dinheiro a quatro mil anos antes de Cristo, no Médio Oriente, às civilizações sumérias em torno do Golfo Pérsico e ao antigo Egipto. O dinheiro como "instrumento de troca", "unidade de medida", "reserva de valor" e "meio de pagamento futuro" tem sido utilizado de inúmeras formas em diferentes épocas e lugares. As transacções e as trocas humanas, inicialmente sob a forma de troca direta (bens por bens) e depois sob a forma de moeda de mercadorias, moeda metálica de mercadorias, papel-moeda (notas com e sem lastro: fiduciária), moeda escrita e, por fim, moeda digital. Foi emitida a primeira CBDC, a "moeda digital do banco central". Chegou o momento de os governos gerirem adequadamente o destino do dinheiro em benefício do público, abandonando o papel-moeda (numerário), que é a fonte de problemas económicos, financeiros, filosóficos e morais. Depois da roda, o dinheiro é considerado a mais importante invenção humana. Os historiadores atribuem a origem do dinheiro a quatro mil anos antes de Cristo, no Médio Oriente, às civilizações sumérias em torno do Golfo Pérsico e ao antigo Egipto. O dinheiro como "instrumento de troca", "unidade de medida", "reserva de valor" e "meio de pagamento futuro" tem sido utilizado de inúmeras formas em diferentes épocas e lugares. As transacções e as trocas humanas, inicialmente sob a forma de troca direta (bens por bens) e depois sob a forma de moeda de mercadorias, moeda metálica de mercadorias, papel-moeda (notas com e sem lastro: fiduciária), moeda escrita e, por fim, moeda digital. Foi emitida a primeira CBDC, a "moeda digital do banco central". Chegou o momento de os governos gerirem adequadamente o destino do dinheiro em benefício do público, abandonando o papel-moeda (numerário), que é a fonte de problemas económicos, financeiros, filosóficos e morais. Já existiram outras sociedades. No início, eram criadas bolsas de mercadorias entre mercadorias, depois bolsas de mercadorias entre metais como o ouro e a prata e, gradualmente, com o aparecimento do dinheiro, foram criados bancos para o armazenar e transferir. Na era atual, com a ocorrência da revolução eletrónica, surgiu uma nova forma de negócio denominada comércio eletrónico. Nos últimos anos, o aparecimento de métodos de pagamento modernos ajudou a gerir a estratégia de desenvolvimento do mercado e, com sistemas bancários descentralizados, como as moedas digitais e as criptomoedas, o sonho do comércio sem fronteiras pode tornar-se uma realidade inegável. Os danos ambientais causados pelos dispositivos de extração de criptomoedas são um dos novos tópicos das ciências humanas, pelo que é necessário que especialistas de diferentes áreas discutam e investiguem as suas dimensões. Uma das dimensões importantes desta questão é saber se os princípios da responsabilidade civil são totalmente responsáveis pelos danos ambientais causados pelos dispositivos de extração de criptomoedas (mineiros). Com base nisto, o presente artigo foi escrito através de um método analítico-descritivo com o objetivo de encontrar uma resposta adequada à questão acima referida intitulada "Limitações causadas pelos princípios básicos da responsabilidade civil na compensação de danos ambientais causados por dispositivos/minas de mineração de criptomoedas". Após a recolha de informação através de um método de biblioteca, o autor chegou à conclusão de que nenhuma das bases da responsabilidade civil (culpa, risco e garantia de direitos) é capaz de responder cabalmente a esta questão, sendo necessário que o legislador altere e complete as leis existentes. A eletricidade é uma energia limpa sem a qual a vida é impossível. O apagão é um fenómeno que tem sido observado abundantemente em muitas cidades, e talvez nos últimos anos, devido ao entrelaçamento da vida humana com a tecnologia, etc., tenha afetado todos os aspectos da vida humana mais do que nunca, e mesmo por um curto período de tempo A vida quotidiana, bem como a economia do país, serão perturbadas. A criptomoeda é uma rede encriptada peer-to-peer para facilitar o intercâmbio digital e é uma tecnologia desenvolvida recentemente. A Bitcoin, a primeira e mais popular criptomoeda, surgiu como uma tecnologia disruptiva em relação aos sistemas de pagamento financeiro de longa data e imutáveis que existem há décadas. Embora as criptomoedas provavelmente não venham a substituir as moedas tradicionais, podem eliminar a interação dos mercados globais ligados à Internet e as barreiras relacionadas com as moedas nacionais e as taxas de câmbio. As criptomoedas podem revolucionar os mercados de comércio digital, criando um sistema de comércio livre e sem custos. No entanto, o atual volume de transacções nessas criptomoedas é ainda muito reduzido, o que as torna um sério candidato a substituir as moedas oficiais. Isto deve-se a dois factores. As criptomoedas não desempenham muito bem o papel de dinheiro, porque o seu valor é muito volátil e, por conseguinte, não têm grande reserva de valor. As criptomoedas são geridas de forma muito primitiva em comparação com o que as moedas modernas exigem. Estas deficiências podem ser corrigidas no futuro para aumentar a popularidade e a acessibilidade das criptomoedas. No entanto, aqueles que gerem as moedas, ou seja, os responsáveis pela política monetária, não podem estar fora de qualquer sistema de controlo e equilíbrio social. Para que as criptomoedas possam substituir o dinheiro oficial, devem obedecer a um organismo que as monitorize e avalie. Neste artigo, é abordado o conceito de criptomoedas e como surgem, bem como os efeitos do aparecimento deste tipo de moedas. As finanças são assuntos cautelosos e cuidadosos. Os contratos financeiros são também muito cautelosos. O contrato é uma parte importante no mundo do direito e da economia. O contrato é a base das transacções entre humanos e máquinas e, por vezes, surgem dúvidas e litígios jurídicos devido à formulação incompleta das cláusulas contratuais. A investigação explica os direitos dos contratos inteligentes e da Ethereum no espaço da tecnologia de cadeias de blocos. Analisa os tipos e as modalidades de contrato inteligente, as suas vantagens e desvantagens, assinala as suas diferenças essenciais em relação ao pagamento bancário automático e destaca algumas das funções actuais e futuras do Ethereum. Esta investigação utiliza recursos de bibliotecas e descreve as características dos conceitos teóricos do contrato ethereum e os seus efeitos práticos positivos e negativos sobre os direitos com o método de análise de conteúdos e temas, e aponta alguns riscos futuros da utilização do ethereum no Irão. Atualmente, qualquer tipo de política económica é determinada e regulada pelo governo central e pelas instituições que actuam em seu nome. Um exemplo deste facto são as políticas monetárias que são geralmente reguladas e operadas pelos bancos centrais, cujo objetivo é reduzir a taxa de desemprego, aumentar a estabilidade económica e controlar a taxa de inflação; Mas esta dinâmica continua até que não haja concorrentes para a moeda nacional. Quando a confiança nos bancos e na moeda tradicional diminui, os cidadãos procuram alternativas como as criptomoedas. O surgimento de criptomoedas baseadas em blockchain na economia global e dentro das fronteiras nacionais reduz naturalmente o poder de decisão política do governo na esfera monetária e pode, de alguma forma, tornar a economia de um país subordinada às políticas e regulamentações de outros países. Este processo provoca, por si só, conflitos generalizados entre os actores da estrutura da economia nacional e os actores presentes na estrutura da economia global, como os governos e as grandes empresas multinacionais. A presente investigação procura identificar o impacto da emergência de moedas baseadas em cadeias de blocos no domínio da regulação monetária na estrutura das economias nacionais e internacionais e os riscos de segurança daí resultantes para a governação nacional dos governos. A questão do presente artigo é "por que razão a quantidade e o modo de utilização da tecnologia de cadeia de blocos se tornou uma das principais áreas de conflito entre os actores governamentais (entre si e com actores não governamentais) nos sistemas monetários nacionais e internacionais". Em resposta a esta pergunta, a razão pela qual a utilização da tecnologia da cadeia de blocos se tornou uma das principais áreas de conflito entre os actores governamentais e não governamentais nos sistemas monetários nacionais e internacionais. A razão para a utilização da tecnologia da cadeia de blocos tornou-se uma das principais áreas de conflito entre os actores governamentais e não governamentais nos sistemas monetários nacionais e internacionais. O método de recolha de informação nesta investigação é a utilização da Internet, da biblioteca e de fontes documentais. Quando falamos com empresários e activistas empresariais do nosso país, um dos primeiros problemas mencionados por eles são as questões financeiras e os pagamentos internacionais. Os empreiteiros e exportadores iranianos de serviços técnicos e de engenharia também enfrentam muitos problemas para participar em concursos internacionais devido à impossibilidade de emitir garantias de bancos iranianos. A falta de relações de corretagem bancária entre bancos nacionais e estrangeiros também criou problemas no domínio do investimento e da capitalização no país. Este artigo apresenta algumas políticas e soluções aplicáveis para reduzir os problemas do país neste domínio e resume também os domínios, desafios e oportunidades decorrentes de cada solução. Estas soluções incluem a celebração de acordos monetários e financeiros, a criação de bancos comuns, a abertura de sucursais de bancos iranianos, a cooperação com pequenos bancos, a criação de fundos e bancos multilaterais, a utilização da capacidade de blockchain, a compensação e o desenvolvimento de moedas comuns. É óbvio que, na aplicação e implementação de cada uma destas soluções, são necessários e essenciais a vontade e o apoio da gestão ao mais alto nível do governo e um conjunto de interacções internacionais com os países-alvo. A questão da identificação de Ramsrs com o desenvolvimento da tecnologia emergente de cadeia de blocos da China e a crescente procura de moedas digitais tornou-se um tema importante para muitos especialistas. A tecnologia de cadeia de blocos da China também desempenha um papel importante no processo de desenvolvimento deste tipo de moeda e das suas transacções descentralizadas. Atualmente, as moedas criptográficas estão na vanguarda do desenvolvimento económico e financeiro mundial. Este facto criou muitas oportunidades e ameaças nos mercados financeiros de todo o mundo e atraiu a atenção de um número significativo de governos, activistas económicos e cidadãos. Consequentemente, o número de actores envolvidos no comércio de criptomoedas aumentou drasticamente nos últimos anos. Neste artigo, o esforço para fazer o desempenho de moedas criptografadas, seu impacto sobre a economia, e os pobres e oportunidades de desenvolvimento desta tecnologia através do estudo da experiência. Os três países do Leste Asiático, que são pioneiros neste domínio, devem ser explorados de forma analítica. A criptomoeda é um tipo de moeda digital em que a produção da unidade monetária e a confirmação da autenticidade da transação monetária são controladas através de algoritmos de encriptação, funcionando normalmente de forma descentralizada. As criptomoedas estão em constante crescimento e desenvolvimento, e muitos tipos de criptomoedas são produzidos todos os dias. Bitcoin e Ethereum são as criptomoedas mais famosas. Neste artigo, é concebida uma aplicação Android simples para telemóveis, que apresenta cerca de 150 criptomoedas, juntamente com o seu símbolo e o preço atual em dólares. Este programa é implementado no Android Studio e na linguagem de programação Java, e a informação sobre as criptomoedas é extraída do sítio Web Coin Market Cap. Neste programa, é possível procurar qualquer criptomoeda desejada e ver o seu preço. Também é possível mostrar as criptomoedas cujo aumento ou diminuição de preço no último dia é maior do que o valor especificado. A introdução do ChatGPT foi um ponto de viragem na utilização de chatbots e, depois disso, temos assistido ao crescimento crescente da sua utilização em vários campos, especialmente no campo das finanças e dos mercados de negociação. Construir um chatbot de sucesso requer atenção a vários componentes que desempenham um papel vital na sua utilização generalizada. No domínio dos chatbots financeiros, o estudo examina as várias dimensões de um chatbot consultor neste domínio, a fim de proporcionar uma visão abrangente da conceção e operacionalização dos chatbots. Os resultados deste estudo mostram que, para além das questões técnicas e arquitectónicas, a atenção às perspectivas sociais e psicológicas, à segurança e privacidade, às regras e regulamentos, à experiência do utilizador e à confiança são também de grande importância. O crescimento, a influência e o domínio das criptomoedas no mundo formaram um novo capítulo do conceito de moeda e capital. A identificação dos factores que afectam o crescimento e a penetração deste fenómeno no comércio eletrónico conduzirá a um melhor conhecimento e compreensão para uma melhor gestão e controlo deste fenómeno, a fim de tomar as decisões e políticas necessárias para tirar partido das oportunidades ou evitar as suas ameaças. Como resultado desta investigação, verificou-se que os factores políticos, económicos, sociais, tecnológicos, ambientais e legais são influentes na utilização das criptomoedas no comércio eletrónico, sendo a classificação da importância de cada um destes factores a seguinte: tecnológico, legal, económico, social, político, ambiental. De acordo com os resultados da investigação, será prático considerar a influência e a prioridade destes factores para uma gestão estratégica e um melhor controlo deste fenómeno. Devido ao preço muito baixo da eletricidade no Irão e à atribuição de subsídios no sector da energia, a extração de criptomoedas espalhou-se muito no Irão. A maior parte das despesas relacionadas com a extração de criptomoedas é o custo da energia e do fornecimento de eletricidade aos mineiros. Por conseguinte, vários investidores neste sector estão à procura de uma utilização não autorizada da energia. Devido à natureza não linear dos mineiros de criptomoedas, estes dispositivos produzem muitos harmónicos que os separam de outras cargas, como os motores eléctricos, e esta caraterística pode ser utilizada para os detetar. Foi utilizado um método baseado na análise de componentes independentes, que é um método de separação cega de recursos, para detetar a presença e a localização destes equipamentos. A vantagem do método de análise de componentes independentes é o facto de não necessitar da matriz de admitância ou da configuração da rede. Por isso, é muito útil em redes de distribuição onde não se dispõe de muita informação sobre a rede. Os resultados desta investigação mostram que a variável do preço das criptomoedas com um mecanismo de criação diferente do Bitcoin, bem como a variável do número de criptomoedas em circulação com o mesmo mecanismo que o Bitcoin e o volume de liquidez do dólar americano são eficazes no preço do Bitcoin. Por outro lado, no que diz respeito ao efeito dos pares de moedas do mercado cambial sobre o preço da Bitcoin, pode dizer-se que pares de moedas como o dólar para o dólar canadiano, o dólar para o dólar australiano e o dólar para o dólar neozelandês, que têm um valor mais baixo do que outros pares de moedas importantes, têm um impacto no preço da Bitcoin. Por outro lado, as variáveis do número de bitcoins, o número de criptomoedas em circulação com um mecanismo diferente do bitcoin, o preço mundial do ouro e o número de pesquisas da palavra bitcoin no Google têm coeficientes pouco significativos sobre o seu preço. No total, os resultados dos dois métodos de cálculo da média bayesiana e dos mínimos quadrados ponderados são quase idênticos entre si, e a utilização do método de seleção de padrões óptimos confirma esta questão. As criptomoedas são tipos descentralizados de moedas digitais que são apresentadas com novas tecnologias. A identificação da natureza das criptomoedas está intimamente relacionada com o reconhecimento da estrutura técnica de cada um dos seus tipos. Por isso, não é possível apresentar uma única natureza apesar da variedade de tipos e isso é censurável. As criptomoedas são um tipo de bem imaterial, ou se o mesmo conceito for desenvolvido e estendido aos bens imateriais, são consideradas nobres, que também possuem propriedade consuetudinária e islâmica. Embora as criptomoedas possam desempenhar as funções de dinheiro teoricamente e com base em fundamentos jurídicos e económicos e sejam aceites como meio de troca entre os povos do mundo, mas com base nas leis monetárias, precisam de ser reconhecidas pelos governos para a validade do título de dinheiro; Alguns tipos de criptomoedas, como as criptomoedas nacionais, são reconhecidas pelos países devido à sua criação, mas outros tipos não são considerados dinheiro até serem reconhecidos nas leis e são simplesmente considerados um ativo digital. Outro tipo de criptomoedas, ou seja, os tokens emitidos na oferta inicial de moedas, também são adaptados ao conceito de valores mobiliários. No que diz respeito às questões jurídicas relacionadas com as criptomoedas, incluindo a sua natureza, até à data foram emitidas várias resoluções e regulamentos por diversos organismos, mas estes textos jurídicos são frequentemente incompletos e foram compilados fora dos limites da autoridade, pelo que a autoridade legislativa oficial do país entrou nestas questões. É necessário elaborar uma lei completa e abrangente. A identificação das perdas não técnicas tem sido um desafio constante para as empresas de distribuição. Um dos casos de perdas não técnicas é a utilização não autorizada de eletricidade. Hoje, com as atividades cada vez maiores da indústria de mineração, surge um desafio significativo na discussão do consumo não autorizado de energia. Por outro lado, a deteção da presença de dispositivos de extração de criptomoeda ou mineiros também requer métodos novos e mais rápidos. Ao propor uma solução adequada utilizando métodos NILM baseados na extração de dados e no rastreio de padrões de consumo, foi abordada a deteção de dispositivos de extração de moeda criptográfica com utilização não autorizada de eletricidade. Entre as vantagens do método proposto, para além da redução de custos, pode salientar-se que, ao contrário dos métodos actuais, devido à ausência da necessidade de visitas presenciais e do envolvimento de forças policiais, evita o fornecimento de causas de ansiedade e insatisfação dos assinantes e das forças da empresa. Neste método, é possível identificar despesas não autorizadas sem fiscalização. Nas últimas décadas, as políticas públicas em torno dos fenómenos sociais têm merecido uma atenção especial por parte dos países. Uma das áreas difíceis para a elaboração de políticas é a área das tecnologias virtuais/cibernéticas novas ou emergentes. Devido à natureza dinâmica do espaço virtual, ao seu impacto na economia pública, às sensibilidades políticas e de segurança deste espaço e às dificuldades técnicas, a regulamentação e a regulação neste domínio requerem uma atenção redobrada. Tendo em conta as capacidades criminosas deste espaço, este tornou-se a prioridade de alguns sistemas de política criminal. Com base nisto, os responsáveis pela política criminal, como parte do corpo do sistema de governo, no sentido de regular e regulamentar vários aspectos da delinquência, incluindo a delinquência tecnológica, fazem política ao nível da política criminal legislativa. Este aspeto da política criminal tem um papel estratégico na determinação de macro programas preventivos e no tratamento do fenómeno criminal; porque significa planear, modelar e apresentar um plano de ação para os activistas do sistema de justiça criminal. Entre as novas questões tecnológicas, é necessária a política da "moeda virtual", que tem muitas capacidades criminais devido às suas características únicas. Existem diferentes tipos de moeda virtual, cada uma com características especiais em relação às outras, de acordo com a sua natureza e função. No entanto, o exemplo perfeito de moeda virtual é a Bitcoin, que tem algumas características que a distinguem das outras moedas virtuais. Por conseguinte, no presente estudo, as abordagens políticas de alguns dos principais países em relação às moedas virtuais foram estudadas através de um método descritivo-analítico. Em primeiro lugar, foram investigadas e analisadas as abordagens políticas existentes no domínio das moedas virtuais, centradas na Bitcoin, a moeda virtual mais utilizada, e, em seguida, deve ser explicada a abordagem adequada da política penal neste domínio, no âmbito da abordagem da política penal orientada para o risco. Atualmente, as transacções algorítmicas realizadas com a ajuda de computadores incluem uma percentagem significativa das transacções do mercado financeiro. A capacidade dos computadores de receberem e processarem informações sobre o mercado numa fração de segundo e de efectuarem cálculos e ordens em qualquer momento desejado, sem despenderem capital humano, exige a necessidade de estudar a fim de tornar mais inteligentes e otimizar os processos nos mercados financeiros. Considerando as tendências recentes e a aceitação generalizada e sucessivos sucessos da utilização de conhecimentos de inteligência artificial em vários domínios, a aplicação de métodos baseados na aprendizagem por reforço desses conhecimentos tem sido estudada por investigadores. Neste artigo, o mercado de criptomoedas foi modelado com o auxílio do processo de decisão de Markov e o desempenho do algoritmo de aprendizagem profunda Kiwi, pertencente à categoria de métodos baseados em valor, foi avaliado com critérios como taxa de lucro, lucro anual, volatilidade do capital e comparação com o método buy and hold. Com base em estudos anteriores, foi introduzida uma estrutura para medir o desempenho do método de aprendizagem profunda Kiwi para utilização como agente de negociação inteligente. Para levar a cabo a investigação, após a recolha e revisão dos estudos efectuados sobre este tema, foi elaborada uma hipótese. Em seguida, foram determinados os testes adequados a cada hipótese e os testes e conclusões foram efectuados através de modelização e implementação. O estado de desenvolvimento da tecnologia no mundo atual é tal que o processo de desenvolvimento e o futuro do mundo no domínio da tecnologia não podem ser previstos com precisão. Entretanto, a tecnologia blockchain tem sido considerada uma nova tecnologia. Esta tecnologia é um protocolo que permite a troca direta de informações entre partes contratantes numa rede, sem necessidade de intermediários. O blockchain tem sido uma das tendências tecnológicas mais importantes dos últimos anos, e a banca é um dos sectores que muitos especialistas acreditam que irá aceitar grandes mudanças da tecnologia blockchain. Tendo em conta o impacto que a tecnologia blockchain pode ter no sistema bancário, será muito importante analisar o impacto desta tecnologia no sistema bancário, que representa a forma de criar, apresentar e adquirir valor neste sector. Investigar o impacto desta tecnologia no sistema bancário. Para atingir este objetivo, o método de recolha de dados é o tipo de investigação documental-bibliotecária e através de estatísticas amostrais, e é de natureza quantitativa-qualitativa, e o método é um inquérito e os instrumentos utilizados são questionários e observações no terreno. É. De acordo com esta investigação, confirma-se a eficácia da tecnologia blockchain no sistema bancário. Por último, considerando que a tecnologia de cadeia de blocos irá desafiar quase todas as partes essenciais do sistema bancário, é necessário que os bancos adoptem uma estratégia adequada para lidar com as ameaças e utilizar as oportunidades resultantes desta tecnologia.

# REFERÊNCIAS


Agarwalla, S.K., Varma, J.R., Virmani, V., 2021. O impacto da COVID-19 no risco de cauda: Evidências das opções do índice Nifty. Econom. Lett. 204, 109878.

Andersson, F., Uryasev, S., Uryasev, S., 2001. Otimização do risco de crédito com o critério do valor em risco condicional. Math. Program. 89 (2), 273-291.

Bai, L., Zheng, K., Wang, Z., Liu, J., 2022. Seleção de portfólio de provedores de serviços para gerenciamento de projetos usando uma rede neural BP. Ann. Oper. Res. 308 (1), 41-62.

Best, M.J., Grauer, R.R., 1991. Sobre a sensibilidade das carteiras eficientes em termos de média-variância a alterações nas médias dos activos: Alguns resultados analíticos e computacionais. Rev. Financ. Stud. 4 (2), 315. http://dx.doi.org/10.1093/rfs/4.2.315.

Bojaj, M.M., Muhadinovic, M., Bracanovic, A., Mihailovic, A., Radulovic, M., Jolicic, I., Milosevic, I., Milacic, V., 2022. Previsão dos efeitos macroeconômicos da adoção do stablecoin: Uma abordagem bayesiana. Econ. Model. 109, 105792. Borri, N., 2019. Risco de cauda condicional nos mercados de criptomoedas. J. Empir. Financ. 50, 1-19.

Chang, T.J., Meade, N., Beasley, J.E., Sharaiha, Y.M., 2000. Heurísticas para otimização de carteiras com restrições de cardinalidade. Comput. Oper. Res. 27 (13), 1271-1302.

Charfeddine, L., Benlagha, N., Maouchi, Y., 2020. Investigando a relação dinâmica entre criptomoedas e ativos convencionais: Implicações para os investidores financeiros. Econ. Model. 85, 198-217.

Chopra, V.K., Ziemba, W.T., 1993. The effect of errors in means, variances, and covariances on optimal portfolio choice. J. Portf. Manag. 19 (2), 6-11.

Crama, Y., Schyns, M., 2003. Simulated annealing for complex portfolio selection problems. European J. Oper. Res. 150 (3), 546-571. http://dx.doi.org/10.1016/ S0377-2217(02)00784-1.

DeMiguel, V., Garlappi, L., Uppal, R., 2009. Diversificação óptima versus diversificação ingénua: Quão ineficiente é a estratégia de carteira 1/N? Rev. Financ. Stud. 22 (5), 1915-1953.

Ding, S., Cui, T., Zhang, Y., 2020. Incorporando o efeito de internacionalização do RMB em sua previsão de volatilidade da taxa de câmbio. North Am. J. Econ. Finance 54, 101103.

Ding, S., Cui, T., Zhang, Y., Li, J., 2021. Efeitos da liquidez na previsão da volatilidade do petróleo: Da perspetiva da fintech. PLoS One 16 (11), e0260289.

Ding, S., Zhang, Y., Duygun, M., 2019. Modelagem da volatilidade dos preços com base em uma abordagem de programação genética. Br. J. Manag. 30 (2), 328-340.

Easley, D., O'Hara, M., Basu, S., 2019. Da mineração aos mercados: A evolução das taxas de transação de bitcoin. J. Financ. Econ. Fonseca, C.M., Fleming, P.J., 1995. Uma visão geral dos algoritmos evolutivos na otimização multiobjectivo. Evol. Comput. 3 (1), 1-16.

Fousekis, P., Tzaferi, D., 2021. Retornos e volume: Conexão de frequência em mercados de criptomoedas. Econ. Model. 95, 13-20.

Goetzmann, W.N., Kumar, A., 2008. Equity portfolio diversification (Diversificação da carteira de acções). Rev. Finance 12 (3), 433-

463. Guo, Y., Li, P., Li, A., 2021a. Contágio do risco de cauda entre os mercados financeiros internacionais durante a pandemia de COVID-19. Int. Rev. Financ. Anal. 73, 101649.

Guo, X., Lu, F., Wei, Y., 2021b. Capturar a rede de contágio do bitcoin-Evidence from pre and mid COVID-19. Res. Int. Bus. Finance 58, 101484.

He, K., Zhang, X., Ren, S., Sun, J., 2016. Aprendizagem residual profunda para reconhecimento de imagem. Em: Conferência IEEE 2016 sobre visão computacional e reconhecimento de padrões. CVPR, pp. 770-778. http://dx.doi.org/10.1109/CVPR.2016.90.

Høyland, K., Kaut, M., Wallace, S.W., 2003. Uma heurística para a geração de cenários de correspondência de momentos. Comput. Optim. Appl. 24 (2-3), 169-185.

Høyland, K., Wallace, S.W., 2001. Geração de árvores de cenários para problemas de decisão em várias fases. Manage. Sci. 47 (2), 295-307.

Jiang, Y., Lie, J., Wang, J., Mu, J., 2021. Revisitando os papéis das criptomoedas nos mercados de ações: Uma perspetiva de coerência quantílica.

Econ. Model. 95, 21-34.

Jorion, P., 2006. Value At Risk: The New Benchmark for Managing Financial Risk, terceira edição. McGraw-Hill Education.

Kaut, M., Wallace, S.W., 2011. Geração de cenários baseados em formas utilizando cópulas. Comput. Manag. Sci. 8 (1-2), 181-199.

Klein, T., Thu, H.P., Walther, T., 2018. Bitcoin não é o novo ouro - uma comparação de volatilidade, correlação e desempenho do portfólio. Int. Rev. Financ. Anal. 59, 105-116.

Konno, H., Wijayanayake, A., 2001. Problema de otimização da carteira com custos de transação côncavos e restrições de unidade de transação mínima. Math. Program. 89 (2), 233-250. http://dx.doi.org/10.1007/PL00011397.

Krokhmal, P., Palmquist, J., Uryasev, S., 2002. Otimização da carteira com objetivo e restrições condicionais de valor em risco. J. Risk 4, 11-27.

Liebi, L.J., 2022. Existe um prémio de valor nos mercados de criptoativos? Econ. Model. 105777. Ma, L., Tang, Y., 2019. Propriedade do gerente de portfólio e tomada de risco de fundos mútuos. Manage. Sci.

Mansini, R., Ogryczak, W., Speranza, M.G., 2014. Vinte anos de otimização de carteiras baseada na programação linear. European J.Oper.Res.234(2), 518-535.http://dx.doi.org/10.1016/j.ejor.2013.08.035, 60 anos após a contribuição de Harry Markowitz para a teoria das carteiras e a investigação operacional.

Mariana, C.D., Ekaputra, I.A., Husodo, Z.A., 2021. O bitcoin e o ethereum são portos seguros para as ações durante a pandemia de COVID-19? Finance Res. Lett. 38, 101798.

Markowitz, H.M., 1952. Seleção de carteiras. J. Finance 7 (1), 77-91. Metaxiotis, K., Liagkouras, K., 2012. Algoritmos evolutivos multiobjectivo para a gestão de carteiras: A comprehensive literature review. Expert Syst. Appl. 39 (14), 11685-11698. http://dx.doi.org/10.1016/j.eswa.2012.04.053.

Mnih, V., Kavukcuoglu, K., Silver, D., Rusu, A.A., Veness, J., Bellemare, M.G., Graves, A., Riedmiller, M., Fidjeland, A.K., Ostrovski, G., Petersen, S., Beattie, C., Sadik, A., Antonoglou, I., King, H., Kumaran, D., Wierstra, D., Legg, S., Hassabis, D., 2015. Controlo ao nível humano através da aprendizagem por reforço profundo. Nature 518 (7540), 529-533.

Naimoli, A., Gerlach, R., Storti, G., 2022. Melhoria da precisão dos modelos de previsão do risco de cauda através da combinação de vários estimadores da volatilidade realizada. Econ. Model. 107, 105701.

Olivares-Nadal, A.V., DeMiguel, V., 2018. Uma perspetiva robusta sobre os custos de transação na otimização de carteiras. Oper. Res. 66 (3), 733-739.

Pflug, G.C., 2000. Algumas observações sobre o valor em risco e o valor em risco condicional. Em: Probabilistic Constrained Optimization, vol. 49, Springer US, pp. 272-281.

Prat, J., Walter, B., 2021. Um modelo de equilíbrio do mercado de mineração de bitcoin. J. Polit. Econ.

129 (8). Pritsker, M., 1997. Avaliação de metodologias de valor em risco: Precisão versus tempo de computação. J. Financ. Serv. Res. 12 (2), 201-242.

Qin, M., Su, C.-W., Tao, R., 2021. BitCoin: Uma nova cesta de ovos? Econ. Model. 94, 896-907.

Qureshi, F., Kutan, A.M., Ismail, I., Gee, C.S., 2017. Fundos mútuos e volatilidade do mercado de ações: Uma análise empírica dos mercados emergentes asiáticos. Emerg. Mark. Rev 31, 176-192.

Rockafellar, R.T., Uryasev, S., 2000. Otimização do valor em risco condicional. J. Risk 2, 21-41.

Salisu, A.A., Olaniran, A., Tchankam, J.P., 2022. O risco de cauda do petróleo e o risco de cauda das taxas de câmbio do dólar americano. Energy Econ. 109, 105960.

Scaillet, O., Treccani, A., Trevisan, C., 2020. Análise de salto de alta frequência do mercado de bitcoin. J. Financ. Econom. 18 (2), 209-232.

Schulman, J., Wolski, F., Dhariwal, P., Radford, A., Klimov, O., 2017. Algoritmos de otimização de políticas proximais. arXiv:1707.06347.

Shahzad, S.J.H., Bouri, E., Roubaud, D., Kristoufek, L., 2020. Porto seguro, cobertura e diversificação para os mercados de acções do G7: Gold versus bitcoin. Econ. Model. 87, 212-224.

Singh, A., 2021. Investigando a relação dinâmica entre financiamento de litígios, ouro, bitcoin e o mercado de ações: O caso da Austrália. Econ. Model. 97, 45-57.

Uryasev, S., 2000. Introdução à teoria das funções probabilísticas e dos percentis (valor em risco). In: Uryasev, S. (Ed.), Probabilistic Constrained Optimization. Em: Nonconvex Optimization and Its Applications, vol. 49, Springer US, pp. 1-25.

Wei, W.C., 2018. O impacto das concessões de Tether no Bitcoin. Econom. Lett. 171, 19-22.

Zhang, C., Chen, H., Peng, Z., 2022a. A negociação de futuros de bitcoin reduz a volatilidade normal e de salto no mercado à vista? Evidências dos modelos GARCH-jump. Finance Res. Lett. 102777.

Zhang, Z., Shahzad, S.J.H., Bouri, E., 2022b. Transmissão do risco de cauda dos preços das matérias-primas para o risco soberano das economias emergentes. Resour. Policy 78, 102869.

Abdi, H., & Williams, L. J. (2010). Análise de componentes principais. Wiley Interdisciplinary Reviews: Computational Statistics, 2(4), 433-459. http://dx.doi.org/10.1002/wics. 101.

Ammous, S. (2018). As criptomoedas podem cumprir as funções do dinheiro? The Quarterly Review of Economics and Finance, 70, 38-51. http://dx.doi.org/10.1016/j.qref.2018. 05.010.

Antonopoulos, A. M. (2014). Dominando o bitcoin: desbloqueando cripto-moedas digitais (1ª ed.). O'Reilly Media, Inc..

Balakrishnan, P. S., Miller, J. M., & Shankar, S. G. (2008). Power law and evolutionary trends in stock markets. Economics Letters, 98(2), 194-200. http://dx.doi. org/10.1016/j.econlet.2007.04.029, URL:http://www.sciencedirect.com/science/ article/pii/S0165176507001553.

Begušić, S., Kostanjčar, Z., Stanley, H. E., & Podobnik, B. (2018). Propriedades de escala de flutuações extremas de preços nos mercados de bitcoin. Physica A. Mecânica estatística e suas aplicações, 510, 400–406.http://dx.doi.org/10.1016/j.physa.2018.06.131, URL:http://www.sciencedirect.com/science/article/pii/S0378437118308550.

Berentsen, A., & Schär, F. (2018). Uma breve introdução ao mundo das criptomoedas. Banco da Reserva Federal de St. Louis Review, 100(1), 1-6.

Chan, S., Chu, J., Nadarajah, S., & Osterrieder, J. (2017). Uma análise estatística de criptomoedas. Journal of Risk and Financial Management, 10(2), http://dx.doi. org/10.3390/jrfm10020012, URL: https://www.mdpi.com/1911-8074/10/2/12.

Chen, C. Y.-H., & Hafner, C. M. (2019). Bolhas induzidas por sentimentos no mercado de criptomoedas. Journal of Risk and Financial Management, 12(2), http://dx.doi.org/ 10.3390/jrfm12020053, URL: https://www.mdpi.com/1911-8074/12/2/53.

Cohen, P., West, S. G., & Aiken, L. S. (2014). Análise de regressão múltipla / correlação aplicada para as ciências do comportamento. Psychology Press.

Corbet, S., Lucey, B., & Yarovaya, L. (2018). Datestamping as bolhas de bitcoin e ethereum. Finance Research Letters, 26, 81-88. http://dx.doi.org/ 10.1016/j.frl.2017.12.006, URL: http://www.sciencedirect.com/science/article/pii/ S1544612317307419.

Davies, L. (2018). Sobre os valores de *p*. Statistica Sinica, 28, http://dx.doi.org/10.5705/ss. 202016.0507.
ElBahrawy, A., Alessandretti, L., Kandler, A., Pastor-Satorras, R., & Baronchelli, A. (2017). Dinâmica evolutiva do mercado de criptomoedas. Royal Society Open Science, 4(11), Artigo 170623. http://dx.doi.org/10.1098/rsos.170623.

Extance, A. (2015). O futuro das criptomoedas: Bitcoin e mais além. Nature, 526, 21-23.

Fama, E. F., & French, K. R. (1993). Common risk factors in the returns on stocks and bonds. Journal of Financial Economics, 33(1), 3-56. Francés, C. J., Grau-Carles, P., & Arellano, D. J. (2018). O mercado de criptomoedas: Uma análise de rede. ESIC Market Economics and Business Journal, 49, 569-606. http://dx.doi.org/10.7200/esicm.161.0493.4.

Fry, J., & Cheah, E.-T. (2016). Bolhas e choques negativos nos mercados de criptomoedas. International Review of Financial Analysis, 47, 343-352. http://dx.doi.org/10.1016/j.irfa.2016.02.008,URL: http://www.sciencedirect.com/science/article/pii/S1057521916300163.
Gabaix, X., Gopikrishnan, P., Plerou, V., & Stanley, H. (2003). Uma teoria das distribuições powerlaw nas flutuações dos mercados financeiros. Nature, 423, 267-270. http://dx.doi.org/10.1038/nature01624.

Greenland, S., Senn, S. J., Rothman, K. J., Carlin, J. B., Poole, C., & Goodman, S.N. (2016). Testes estatísticos, valores p, intervalos de confiança e poder: um guia para interpretações. European Journal of Epidemiology, 31(4), 337-350.

Grobys, K., & Sapkota, N. (2019). Criptomoedas e impulso. Economics Letters,180, 6-10.http://dx.doi.org/10.1016/j.econlet.2019.03.028, URL: http://www.sciencedirect.com/science/article/pii/S0165176519301077.

Kim, Y. B., Gi Kim, J., Kim, W., Im, J., Kim, T., & Jin Kang, S. (2016). Previsão de flutuações em transações de criptomoeda com base em comentários e respostas do usuário.PLoS One, 11, Artigo e0161197. http://dx.doi.org/10.1371/journal.pone.0161197.

Klein, T., Thu, H. P., & Walther, T. (2018). Bitcoin não é o novo ouro - Uma comparação de volatilidade, correlação e desempenho do portfólio. Revisão Internacional de Análise Financeira, 59, 105-116.http://dx.doi.org/10.1016/j.irfa.2018.07.010, URL: http://www.sciencedirect.com/science/article/pii/S105752191830187X.

Koutmos, D. (2018). Retorno e spillovers de volatilidade entre criptomoedas. EconomicsLetters, 173, http://dx.doi.org/10.1016/j.econlet.2018.10.004.

Kuo Chuen, D. L., Guo, L., & Wang, Y. (2017). Criptomoeda: Uma nova oportunidade de investimento? O Journal of Alternative Investments, 20(3),16-40. http://dx.doi.org/10.3905/jai.2018.20.3.016, http://arxiv.org/abs/https://jai.iijournals.com/content/20/3/16.full.pdf. URL: https://jai.iijournals.com/content/20/3/16.

Lever, J., Krzywinski, M., & Altman, N. S. (2017). Pontos de significância: Análise de componentes principais. Nature Methods, 14(7), 641-642. http://dx.doi.org/10.1038/nmeth.4346.

Liu, Y., Tsyvinski, A., & Wu, X. (2019). Série de documentos de trabalho, no. 25882, Fatores de risco comuns em criptomoeda. National Bureau of Economic Research, http://dx.doi.org/10.3386/w25882, URL: http://www.nber.org/papers/w25882.

Lo, A. W. (2016). O que é um índice? The Journal of Portfolio Management,42(2), 21-36. http://dx.doi.org/10.3905/jpm.2016.42.2.021, http://arxiv.org/abs/https://jpm.iijournals.com/content/42/2/21.full.pdf.URL: https://jpm.iijournals.com/content/42/2/21.

Miles, J. (2014). R ao quadrado, R ao quadrado ajustado. Wiley StatsRef: Statistics ReferenceOnline.

Moratis, G. (2020). Quantificando o efeito de transbordamento no mercado de criptomoedas. Cartas de Pesquisa Financeira, Artigo 101534. http://dx.doi.org/10.1016/j.frl.2020.101534.

Nadkarni, J., & Neves, R. F. (2018). Combinando neuroevolução e análise de componentes principais para negociar nos mercados financeiros. Expert Systems with Applications, 103, 184-195. http://dx.doi.org/10.1016/j.eswa.2018.03.012,http://www.sciencedirect.com/scien ce/article/pii/S0 957417418301519.

Núñez, J. A., Contreras-Valdez, M. I., & Franco-Ruiz, C. A. (2019). Análise estatística do bitcoin durante períodos de comportamento explosivo. PLoS One, 14(3), Artigo e0213919.http://dx.doi.org/10.1371/journal.pone.0213919.

Peng, Y., Albuquerque, P. H. M., de Sá, J. M. C., Padula, A. J. A., & Montenegro, M.R. (2018). O melhor de dois mundos: Previsão de volatilidade de alta frequência para criptomoedas e moedas tradicionais com regressão vetorial de suporte. ExpertSystems with Applications, 97, 177-192. http://dx.doi.org/10.1016/j.eswa.2017.12.004,URL:http://www.sciencedirect.com/ science/article/ pii/S0957417417308163.

Sharpe, W. F. (1964). Preços dos activos de capital: A theory of market equilibrium underconditions of risk. The Journal of Finance, 19(3), 425-442.

Shen, D., Urquhart, A., & Wang, P. (2019). Um modelo de precificação de três fatores para criptomoedas. Finance Research Letters, http://dx.doi.org/10.1016/j.frl.2019.07.021, URL:http://www.sciencedirect.com/science/article/pii/S1544612319304519.

Stosic, D., Stosic, D., Ludermir, T. B., & Stosic, T. (2018). Comportamento coletivo das mudanças de preço da criptomoeda. Physica A. Statistical Mechanics and its Applications, 507(C),499-509, URL: https://EconPapers.repec.org/RePEc:eee:phsmap:v:507:y:2018:i:c:p:499- 509.

Tapscott, D., & Tapscott, A. (2016). Revolução da cadeia de blocos: Como a tecnologia por trás dobitcoin e de outras criptomoedas está a mudar o mundo. Penguin Books Limited,URL: https://books.google.co.in/books?id=bwz_CwAAQBAJ.

Trimborn, S., & Härdle, W. K. (2018). CRIX um índice para criptomoedas. Journal ofEmpirical Finance, 49, 107-122. http://dx.doi.org/10.1016/j.jempfin.2018.08.004,URL:

http://www.sciencedirect.com/science/article/pii/S0927539818300616.

Wu, K., Wheatley, S., & Sornette, D. (2018). Classificação de moedas e tokens de criptomoeda pela dinâmica de suas capitalizações de mercado. Royal Society Open Science,5(9), Artigo 180381. http://dx.doi.org/10.1098/rsos.180381.

Yi, S., Xu, Z., & Wang, G.-J. (2018). Conexão de volatilidade no mercado de criptomoedas: O bitcoin é uma criptomoeda dominante? International Review of FinancialAnalysis, 60, 98-114. http://dx.doi.org/10.1016/j.irfa.2018.08.012.

Bouri E, Jawad S, Shahzad H, Roubaud D. Criptomoedas como hedges e portos seguros para setores de ações dos EUA. Q Rev Econ Finance 2020; 75: 294-307. https:// doi.org/10.1016 / j.qref.2019.05.001.

Huang JZ, Huang A, Ni J. Prevendo retornos de bitcoin usando indicadores técnicos de alta dimensão. J Financ Data Sci 2019;5:140-55.

Akyildirim E, Goncu A, Sensoy A. Previsão de retornos de criptomoeda usando aprendizado de máquina. Ann Oper Res 2021;297:3-36. https://doi.org/10.1007/s10479- 020-03575-y.

Borges TA, Neves RF. Ensemble de algoritmos de machine learning para investimento em criptomoedas com diferentes métodos de reamostragem de dados. Appl Soft Comput 2020; 90:106187.

Radityo A, Munajat Q, Budi I. Previsão da taxa de câmbio do Bitcoin para o dólar americano usando métodos de rede neural artificial. In: Anais da conferência internacional sobre ciência da computação avançada e sistemas de informação; 2017. p. 433-8. https://doi.org/10.1109/ICACSIS.2017.8355070.

Indera NI, Yassin IM, Zabidi A, Rizman ZI. Modelo de previsão de preço de Bitcoin não linear autorregressivo com entrada exógena (NARX) usando parâmetros otimizados por pso e indicadores técnicos de média móvel. J Fundam Appl Sci 2017;9. https://doi.org/10.4314/jfas.v9i3s.61.

Alonso-Monsalve S, Su' arez-Cetrulo AL, Cervantes A, Quintana D. Convolução em redes neurais para previsão de tendências de alta frequência de taxas de câmbio de criptomoedas usando indicadores técnicos. Expert Syst. Appl. 2020;149:113250. https://doi.org/10.1016/j.eswa.2020.113250.

Nakano M, Takahashi A, Takahashi S. Negociação técnica de Bitcoin com rede neural artificial. Physica A 2018;510:587-609.

Liu FR, Li Y, Li B, Li J, Xie H. Construção de estratégia de transação de Bitcoin com base no aprendizado de reforço profundo. Appl Soft Comput 2021;113(Part B):107952. https://doi.org/10.1016/j.asoc.2021.107952.

Shahbazi Z, Byun YC. Descoberta de conhecimento sobre previsão de taxa de câmbio de criptomoeda usando pipelines de aprendizado de máquina. Sensores 2022;22:1740. https://doi. org/10.3390/s22051740.

Huang W. Modelo de previsão de preços de moeda virtual KNN baseado nas características da tendência de preços. In: Anais da 2ª conferência internacional do IEEE sobre aplicações de energia, eletrônica e informática; 2022. p. 537-42.

Rather AM. Um novo método de aprendizagem em conjunto: caso da previsão do preço da criptomoeda. Knowl Inf Syst 2023;65:1179-97.

Rathee N, Singh A, Sharda T, Goell N, Aggarwall M, Dudeja S. Análise e previsão de preços de criptomoedas para dados históricos e ao vivo usando redes neurais baseadas em conjuntos. Knowl Inf Syst 2023;65:4055-84.

Nayak SC. Previsão do movimento do preço de fechamento do Bitcoin com redes neurais de link funcional ideal. Evol Intell 2022;15:1825-39. https://doi.org/10.1007/ s12065-021-00592-z.

Cavalli S, Amoretti M. Análise de dados multivariados baseada em CNN para previsão de tendências de bitcoin. Appl Soft Comput 2021;101:107065. https://doi.org/10.1016/j. asoc.2020.107065.

Li X, Liu Q, Wu Y. Previsão sobre a transação de moeda virtual blockchain sob o modelo de memória de curto prazo longo e rede de crenças profundas. Appl Soft Comput 2022; 116:108349. https://doi.org/10.1016/j.asoc.2021.108349.

Zhao L, Li Z, Ma Y, Qu L. Um novo modelo de previsão híbrido de série temporal de preços de criptomoeda por meio de aprendizado de máquina com MATLAB / Simulink. J Supercomput 2023; 79:15358-89.

Nasirtafreshi I. Previsão de preços de criptomoeda usando rede neural recorrente e memória de longo prazo de curto prazo. Data Knowl Eng 2022;139:102009. https://doi. org/10.1016/j.datak.2022.102009.

Zhong C, Du W, Xu W, Huang Q, Zhao Y, Wang M. LSTM-ReGAT: uma abordagem centrada na rede para a previsão de tendências de preços de criptomoedas. Decis Support Syst 2023;169:113955.

Subramanian H, Angle P, Rouxelin F, Zhang Z. Um sistema de apoio à decisão que utiliza sinais das redes sociais e notícias para prever os preços das criptomoedas. Decis Support Syst 2024;178:114129.

Guo H, Zhang D, Liu S, Wang L, Ding Y. Previsão de preços de Bitcoin: uma perspetiva de transações de blockchain subjacentes. Decis Support Syst 2021;151:113650.

Dhanya NM. Uma avaliação empírica da previsão do preço da Bitcoin utilizando a análise de séries temporais e o roll over. In: Ranganathan G, Chen J, Rocha A, ' editores. Comunicação inventiva e tecnologias computacionais. Notas de aula em redes e sistemas, 145. Springer; 2020. https://doi.org/10.1007/978-981-15-7345-3_27.Koo E, Kim G. Previsão do preço do Bitcoin com base na manipulação da estratégia de distribuição. Appl Soft Comput 2021;110:107738. https://doi.org/10.1016/j. asoc.2021.107738.

Mallqui DCA, Fernandes RAS. Previsão da direção, preços máximos, mínimos e de fechamento da taxa de câmbio diária do Bitcoin usando técnicas de aprendizado de máquina. Appl Soft Comput 2019;75:596-606.

Morillon TG, Chacon RG. Dissecando o modelo de estoque para fluxo para Bitcoin. Stud Econ Finance 2020;39:506-23. https://doi.org/10.1108/SEF-10-2021-0409.

Matta M, Lunesu I, Marchesi M. Previsão da propagação da Bitcoin utilizando meios de pesquisa sociais e da Web. In: Anais do workshop deep content analytics techniques for personalized & intelligent services; 2015.

Suardi S, Rasel AR, Liu B. Sobre o poder preditivo dos sentimentos do tweet e a atenção no bitcoin. Int Rev Econ Finance 2020;79:289-301. https://doi.org/10.1016/j.iref.2022.02.017.

Varsamopoulos S, Bertels K, Almudever C. Projetando decodificadores baseados em redes neurais para códigos de superfície. 2018. https://www.researchgate.net/publication/329362532_Designing_neural_network_based_decoders_for_surface_codes.

Lewis CD. Industrial and business forecasting methods: a practical guide to exponential smoothing and curve fitting. Londres: Butterworth Scientific; 1982.

Lo WW, Kulatilleke GK, Sarhan M, Layeghy S, Portmann M. Inspection-L: self-supervised GNN node embeddings for money laundering detection in bitcoin. Appl Intell 2023;53:19406- 17.

# yes
# I want morebooks!

Buy your books fast and straightforward online - at one of world's fastest growing online book stores! Environmentally sound due to Print-on-Demand technologies.

Buy your books online at
**www.morebooks.shop**

Compre os seus livros mais rápido e diretamente na internet, em uma das livrarias on-line com o maior crescimento no mundo! Produção que protege o meio ambiente através das tecnologias de impressão sob demanda.

Compre os seus livros on-line em
**www.morebooks.shop**

MIX
Papier aus verantwortungsvollen Quellen
Paper from responsible sources
FSC
www.fsc.org
FSC® C105338